化工原理实验

王建成　陈　振　陈艳丽　主编

科学出版社
北　京

内 容 简 介

本书是化工原理实验教材，内容包括绪论、实验数据的误差分析、实验数据处理、实验测量仪表、基础实验、选修实验、实验数据计算机处理示例等。

本书突出化工实验的特点，强调基础理论与工程实践相结合，强调工程观念的培养，注重化工实验的共性问题，同时加强计算机在实验数据处理方面的应用。

本书可作为高等学校化工类、轻工类、材料类、食品工程及化学相关专业的化工原理实验教材，也可作为从事相关研究、设计与生产的工程技术人员的参考书。

图书在版编目(CIP)数据

化工原理实验 / 王建成，陈振，陈艳丽主编. —北京：科学出版社，2016.3

ISBN 978-7-03-047949-5

Ⅰ. ①化… Ⅱ. ①王… ②陈… ③陈… Ⅲ. ①化工原理–实验–高等学校–教材 Ⅳ. ①TQ02-33

中国版本图书馆 CIP 数据核字（2016）第 060606 号

责任编辑：陈雅娴 / 责任校对：彭珍珍
责任印制：张 伟 / 封面设计：迷底书装

科学出版社 出版
北京东黄城根北街 16 号
邮政编码：100717
http://www.sciencep.com
北京虎彩文化传播有限公司 印刷
科学出版社发行 各地新华书店经销
*
2016 年 3 月第 一 版 开本：720×1000 1/16
2023 年11月第八次印刷 印张：11 1/2
字数：230 000

定价：33.00 元

（如有印装质量问题，我社负责调换）

《化工原理实验》编写委员会

主　编　王建成　陈　振　陈艳丽

编　委　（按姓名汉语拼音排序）

陈　振　陈艳丽　樊红莉　卢　燕

孟　霞　王建成　杨效登　姚长滨

袁　芳　赵玉军

前　言

化工原理实验属工程实验范畴，工程实验面对的是复杂的工程实际问题，其研究方法与基础科学的实验相差甚远，因此不能把一般基础实验的研究方法简单地套用于化工原理实验。化工原理实验教学力求通过实验使学生掌握工程实验方法和技术，提高学生综合运用理论知识解决工程实际问题的能力，开拓思路，增强创新意识。

本书的编写以显著提高学生解决工程实际问题的能力为出发点，注重实验研究过程中多种能力和素质的培养和训练，注重创新实践，符合学生的认识规律以及便于自学为原则。全书内容涵盖化工实验研究涉及的三个主要方面：定量评价实验研究的方法，包括实验误差的估算与分析以及实验数据的处理；实验参数测量常用技术与仪表；具体的单元操作实验项目。根据教学改革实践及教学时数的要求，本书实验项目分为两部分。

（1）基础实验。通过基础实验使学生掌握基本的操作方法和参数测量技术，正确处理实验数据，并对实验结果进行合理的分析，深化对基本原理、基本概念的理解。

（2）选修实验。该部分实验希望达到两个目的：一是使学生开阔眼界，了解并熟悉新型单元操作设备的工艺特性与操作方法；二是使学生具有一定的设计实验的能力，能够正确选择实验设备，合理安排实验流程，利用实验研究解决工程实际问题。

同时，为了鼓励并指导学生采用计算机完成各单元操作实验的数据处理工作，本书给出了 8 个单元操作实验的计算机（Excel）数据处理示例，以供学生自学练习。

本书共 7 章，由齐鲁工业大学与菏泽学院联合编写，王建成、陈振、陈艳丽（菏泽学院）任主编。齐鲁工业大学孟霞、袁芳、杨效登，菏泽学院姚长滨、樊红莉、赵玉军等参与了本书各章节的编写工作。本书承蒙齐鲁工业大学马万勇教授审稿，化工原理实验教学中心卢燕老师提供了各单元实验设备的完整资料及原始实验数据，并提出许多宝贵意见和积极的建议，在此深表谢意。在编写过程中参考了兄弟院校的有关资料，在此表示衷心的感谢。

由于编者水平有限，加之本书很多内容是编者的经验和见解，难免出现不妥之处，衷心地希望读者给予指教，帮助本书日臻完善。

编　者

2015 年 10 月

目　　录

绪　　论

化工原理实验是化工类、轻工类、材料类等有关专业的一门必修实验课程，属工程实验范畴，与一般化学实验相比，其工程特点非常突出，大多数实验项目与生产过程的单元操作具有一一对应的关系。通过实验使学生建立一定的工程观念，了解与掌握工程实验原理及其测试手段，理解数学模型、工艺过程及真实设备之间的关系，了解有关参数的调节对工艺过程的影响；使学生在思维方式和创新能力方面得到培养与提高，动手能力和综合能力得到全面提高，为今后的工作打下坚实的基础。

0.1　化工原理实验的特点

化工原理实验强调理论与实践相结合，强化工程观念。将能力和素质培养贯穿于实验课的全过程中，围绕“化工原理”课程的基本理论，开设演示实验、基础实验、综合型与研究型实验。许多工程类实验设备采用了计算机在线数据采集与控制系统，引入了先进的测试手段和数据处理技术，力求尽量与实际生产过程相同，大大缩短了理论与实践之间的距离。

化工原理实验的教学着眼于培养学生掌握工程类问题的实验研究方法，提升综合分析和解决工程类问题的能力。

0.2　化工原理实验教学目的

化工原理实验教学目的主要有以下几点。

（1）巩固和深化理论知识。在学习化工原理课程的基础上，通过实验进一步理解一些比较典型的已被或将被广泛应用的化工设备的工作原理和操作流程，巩固和深化化工原理的理论知识。

（2）提供理论联系实际的机会。应用化工原理的理论知识解决实验中遇到的各种实际问题，并通过实验深化对理论的理解，学会如何通过实验获得新的知识和信息。

（3）培养学生从事科学研究实验的能力。实验能力主要包括五个方面：为了完成一定的研究课题，设计实验方案的能力；进行实验，观察、分析实验现象以及解决实验问题的能力；正确选择和使用测量仪表的能力；利用实验的原始数据进行数据处理以获得实验结果的能力；书写实验报告的能力等。学生只有通过一定数量的实验训练，才能掌握各种实验技能，为将来从事科学研究和解决工程实际问题打下坚实的基础。

（4）培养科学的思维方法、严谨的科学态度和良好的科学作风，全面提高自身素质水平。

0.3 化工原理实验教学内容

化工原理实验教学内容主要包括实验理论教学和实践教学两大部分。

1. 实验理论教学

实验理论教学主要讲述化工原理实验的特点、化工原理实验的研究方法、实验数据采集方法、实验数据的误差分析、实验数据的处理方法、与化工原理实验有关的计算机数据采集与控制的基本知识等。

2. 实践教学

实践教学分三个层次：演示实验、基础实验、综合型与研究型实验。

分层次教学能够在有限的学时内达到教学内容覆盖面广、夯实基础理论、提高综合能力的目的。

0.4 实验教学的环节与要求

化工原理实验包括实验预习，实验操作，数据的测定、记录和处理以及编写实验报告四个主要环节，各个环节的具体要求如下。

1. 实验预习

（1）认真阅读实验教材，复习理论课程教材以及参考书的有关内容，尝试对实验提出问题，带着问题到实验室现场预习。

（2）熟悉设备装置的结构和流程。

（3）明确操作程序与所要测定参数的项目，了解相关仪表的类型和使用方法、参数的调整、实验测试点的分配等。

（4）写出预习报告，预习报告中应简明扼要地说明实验目的、原理、操作步骤，并画出流程简图。

2. 实验操作

一般以四五人为一小组合作进行实验，实验前必须做好组织工作，做到既分工又合作，每个组员要各负其责，并且要在适当的时候进行轮换工作，这样既能保证实验质量，又能令每个人获得全面的训练。实验操作注意事项如下：

（1）实验设备的启动操作，应按教材说明的程序逐项进行，设备启动前必须进行检查，确定设备处于良好状态。

（2）操作过程中设备及仪表有异常情况时，应立即按停车步骤停车并报告指导教师，处理问题时要注重了解全过程，这样做有利于提高分析问题和解决问题的能力。

（3）操作过程中应随时观察仪表指示值的变动，确保操作过程在稳定条件下进行。出现不符合规律的现象时，应注意观察研究，分析其原因，不要轻易放过。

（4）停车前应先后将有关气源、水源、电源关闭，然后切断电机电源，并将各阀门恢复至实验前所处的位置（开或关）。

3. 数据的测定、记录和处理

1）测定数据的确定

凡是与实验结果有关或是整理数据时必需的参数都应一一测定。原始数据记录表的设计应在实验前完成。原始数据应包括工作介质性质、操作条件、设备几何尺寸及大气条件等。并非所有数据都要直接测定，凡是可以根据某一参数推导出或根据某一参数由手册查出的数据，就不必直接测定。例如，水的黏度、密度等物理性质，一般只要测出水温，即可由相关数据表查出，因此不必直接测定水的黏度、密度，而应该改测水的温度。

2）实验数据的分割

一般来说，实验时要测的数据尽管有许多个，但常选择其中一个数据作为自变量来控制，而把其他受其影响或控制的数据作为因变量，如离心泵特性曲线就选择流量作为自变量，而把其他与流量有关的扬程、轴功率、效率等作为因变量。分析实验结果时往往要把这些测得的数据标绘在各种坐标系上，为了使所测数据在所绘曲线上均匀分布，就涉及实验数据均匀分割的问题。化工原理实验最常用的坐标有两种：直角坐标和双对数坐标，坐标不同所采用的分割方法也不同。其分割值 x 与实验预定的测定次数 n 以及其最大、最小控制量 $x_{\max}$、$x_{\min}$ 之间的关系如下所述。

（1）对于直角坐标系。

$$x_{\min} = x_1$$

$$x_{\max} = x_n$$

$$\Delta x = \frac{x_{\max} - x_{\min}}{n-1}$$

$$x_i = x_1 + (i-1)\Delta x$$

（2）对于双对数坐标系。

$$x_{\min} = x_1$$

$$x_{\max} = x_n$$

$$\lg \Delta x = \frac{\lg x_{\max} - \lg x_{\min}}{n-1}$$

$$\Delta x = \left(\frac{x_{\max}}{x_{\min}}\right)^{\frac{1}{n-1}}$$

$$x_{i+1} = x_i \Delta x$$

3）读数与记录

（1）待设备各部分运转正常、操作稳定后才能读取数据，一般同一数据经两次（或两次以上）测定，读数非常接近即可判定为操作稳定。当变更操作条件后各项参数达到稳定需要一定的时间，因此也要待其稳定后才可读数，否则易造成实验结果无规律甚至反常。

（2）每次读数都应与其他有关数据及前一点数据对照，查看相互关系是否合理，如不合理应查找原因，并要在记录上注明。

（3）所记录的数据应是直接读取的原始数值，不要经过运算后记录。

（4）读取数据必须充分利用仪表的精度，读至仪表最小分度的下一位数，这个数应为估计值。例如，水银温度计最小分度为 0.1℃，若水银柱恰指 22.4℃时，应记为 22.40℃。

碰到有些参数在读数过程中波动较大时，首先要设法减小其波动。在波动不能完全消除的情况下，可取波动的最高点与最低点两个数据，然后取平均值，在波动不很大时可取一次波动的高低点之间的中间值作为估计值。

（5）不要修改记录数据，也不要随意舍弃数据，对可疑数据，除有明显原因，如读错、误记等情况使数据不正常可以舍弃外，一般应在数据处理时检查处理。

（6）记录完毕要仔细检查一遍，有无漏记或记错之处，特别要注意仪表上的计量单位。实验完毕，必须将原始数据记录表格交指导教师检查并签字，认为准确无误后方可结束实验。

4）数据的整理及处理

（1）整理原始记录时，不能随意修改。经判断确实为过失误差造成的不正确数据，需注明后方可剔除。

（2）采用列表法整理数据清晰明了，便于比较，一张正式实验报告一般要有四种表格：原始数据记录表、中间运算表、综合结果表和结果误差分析表。中间运算表之后应附有计算示例，以说明各项之间的关系。

（3）运算中尽可能利用常数归纳法，以避免重复计算，减少计算错误。例如，

流体阻力实验计算 λ 值时，可按以下方法进行。

由范宁公式

$$\Delta p = \lambda \frac{l}{d}\frac{\rho u^2}{2}$$

得

$$\lambda = \frac{d}{l}\frac{2}{\rho}\frac{\Delta p}{u^2} = B'\frac{\Delta p}{u^2}$$

式中：常数 $B' = \frac{d}{l}\frac{2}{\rho}$；

λ——摩擦系数；

l——管长，m；

d——管内径，mm；

ρ——流体密度，kg/m^3；

u——流体流速，m/s。

实验中流体压降 Δp 用 U 形管压差计测定（读数 R），则

$$\Delta p = gR(\rho_0 - \rho) = B''R$$

式中：常数 $B'' = g(\rho_0 - \rho)$；

ρ_0——指示液密度。

将 Δp 代入上式整理为

$$\lambda = B'B''\frac{R}{u^2} = B\frac{R}{u^2}$$

式中：常数 $B = \frac{d}{l}\frac{2g(\rho_0 - \rho)}{\rho}$。

由此可知，只要有变量 R 和 u 就可以计算 λ，非常方便。

（4）实验结果及结论可用列表法、图示法或回归分析法说明，但均需标明实验条件。列表法、图示法和回归分析法详见第 2 章。

0.5 实验报告

化工原理实验的研究对象是复杂的工程实际问题，实验报告是对实验工作的系统概括和总结，要求科学、严谨、全面。实验报告一般应包括以下几项内容。

1. 实验报告封面

封面一般包括实验名称，报告人姓名、班级及同组实验人姓名，实验地点，指导教师和实验日期。

2. 实验目的和内容

简明扼要地说明为什么要进行本实验，实验要解决什么问题。

3. 实验的理论依据（实验原理）

简要说明实验所依据的基本原理，包括实验涉及的主要概念，实验依据的重要定律、公式及据此推算的重要结果，要求准确、充分。

4. 实验装置

画流程示意图（简图），并注明操作用阀门及要读取数据的测量仪表等。

5. 原始数据记录

实验过程中记录从测量仪表所读取的数值。读数方法要正确，记录数据要准确，根据仪表的精度决定实验数据有效数字的位数。

6. 数据处理及实验结果

数据处理是实验报告的重点内容之一，要求将实验原始数据经过整理、计算加工成表格或图的形式。表格要易于显示数据的变化规律及各参数的相关性，明显给出实验结果，图要能直观地表达变量间的相互关系。

数据处理中，要求以一组原始数据为例（每个实验小组不能雷同），写出详细的计算过程，以说明实验结果记录表中的数据是如何得到的。

7. 实验结果分析与讨论

实验结果分析与讨论是实验者理论水平的具体体现，也是对实验方法和结果进行的综合分析研究，是工程实验报告的重要内容之一，主要内容包括以下四个方面。

（1）从理论上对实验所得结果进行分析和解释。

（2）对实验中的异常现象进行分析讨论，探讨影响实验的主要因素。

（3）分析产生误差的原因，估算误差的大小，探讨提高实验质量的途径。

（4）由实验结果提出进一步的研究方向或对实验方法及装置提出改进建议等。

8. 实验结论

结论是根据实验结果作出的最后判断，实验者应依据基本理论并结合实际情况作出恰当中肯的结论。

9. 参考文献

实验报告中应将参考的主要资料和文献以清单形式逐一列出。

文献为期刊论文时，著录格式为：作者. 题名[J]. 刊名，出版日期，卷号（期号）：起止页码.

文献为图书科技报告时，著录格式为：作者. 书名[M]. 版本. 出版地址：出版者. 出版日期.

0.6　化工原理实验研究方法

化工原理研究的是复杂的工程问题，其研究方法与基础理论课程相差很大，在长期的发展过程中，形成了一套行之有效的研究方法，主要包括直接实验法、量纲分析法和数学模型法，三种方法各有特点又相互补充。

1. 直接实验法

这是一种解决工程实际问题最基本的方法，对特定的工程问题直接进行实验测定，所得到的结果也较为可靠，但它往往只适用于条件相同的情况，具有较大的局限性。例如，过滤某种物料，已知滤浆的浓度，在某一恒压条件下直接进行过滤实验，测定过滤时间和所得滤液量，根据过滤时间和所得滤液量两者之间的关系，可以作出该物料在某一压力下的过滤曲线。如果滤浆浓度或过滤压力改变，所得的过滤曲线也都将不同。

对于多变量过程，为研究过程的规律，往往需要采取固定其他变量，逐次改变某一变量的方法进行研究，实验工作量和财力投入很大。例如，在直管中流动阻力引起的压力降 $\Delta p = f\left(u,d,l,\mu,\rho,\varepsilon\right)$，共有 6 个自变量影响因变量 Δp，如果每个自变量改变 10 次，需做 10^6 次实验，才能比较全面地了解各自变量对 Δp 的影响，因此直接实验法是不合适的，需要采用科学的方法大幅度缩减实验工作量。

2. 量纲分析法

量纲分析法是化工研究中常用的一种实验研究方法，基本依据是量纲一致性原则，即物理方程中各项的量纲一致，其实质是将涉及的变量适当地组合成若干个准数（个数明显少于变量个数），得到准数方程，然后按准数方程进行实验研究。量纲分析法可大幅度减少实验工作量。

对前述的直管中流动阻力引起的压力降 $\Delta p = f\left(u,d,l,\mu,\rho,\varepsilon\right)$，经量纲分析后（详见化工原理教材）得到 $\Delta p = \lambda\left(\dfrac{l}{d}\right)\left(\dfrac{\rho u^2}{2}\right)$，该方程为准数方程，自变量为两个，每个自变量变化 10 次，总实验次数为 10^2，与直接实验法相比实验次数锐减，人、财、物的消耗大幅度降低。

3. 数学模型法

数学模型法是在对研究的问题有充分认识的基础上，按以下主要步骤进行工作的。

（1）将复杂问题进行合理简化，提出一个接近实际过程又易于用数学方程描述的物理模型。

（2）对所得到的物理模型进行数学描述，即建立数学模型，然后确定该方程的初始条件和边界条件，求解方程。

（3）通过实验对数学模型的合理性进行检验并确定模型参数。

数学模型法能够更好地揭示过程的本质，因此日益得到研究者的青睐，其发展应用前景非常广阔。

第 1 章　实验数据的误差分析

由于实验方法和实验设备的不完善，测量仪表和人的观察的偏差以及环境因素的影响，所得实验数据与被测量的真值之间不可避免地存在差异，此种差异即为实验数据的误差。对误差进行估算和分析，可以认清误差的来源和影响，确定导致误差的主要因素，从而能够正确组织实验过程，合理选用仪器和测量方法，减少产生误差的来源，提高实验质量。

1.1　有关实验数据的概念

1.1.1　直接测量值与间接测量值

实验数据一般可通过两种途径获得：一是直接从测量仪表上读取，此种数据为直接测量值；二是以直接测量的数据为依据，利用一定的函数关系式通过计算求取测量结果，此种数据为间接测量值。例如，测量空气密度时，可直接测量空气的温度、压力，再用 $\rho = \dfrac{pM}{RT}$ 计算空气的密度，其中 T、p 是直接测量值，ρ 是间接测量值。

1.1.2　真值与平均值

真值是指某物理量客观存在的确定值。严格地讲，由于测量仪器、测量方法、环境、人的观察力、测量的程序等都不可能是完美无缺的，故真值是无法测得的，是理想值。科学实验中真值的定义是：设在测量中测量的次数为无限多，根据误差分布定律，正、负误差出现的概率应相等，故将各观察值相加，加以平均，在无系统误差情况下，可能获得极近于真值的数值。故“真值”在现实中是指测量次数无限多时所求得的平均值（或是写入文献手册中的“公认值”）。然而对工程实验而言，观察的次数都是有限的，故用有限测量次数求出的平均值只能是近似真值，或称为最佳值。一般称这一最佳值为平均值。常用的平均值有下列几种。

（1）算术平均值。

$$\overline{x} = \frac{x_1 + x_2 + \cdots + x_n}{n} = \frac{\sum_{i=1}^{n} x_i}{n} \tag{1-1}$$

式中：$x_1, x_2, \cdots, x_n$——各次测量值；

n——测量的次数。

（2）均方根平均值。

$$\overline{x}=\sqrt{\frac{x_1^2+x_2^2+\cdots+x_n^2}{n}}=\sqrt{\frac{\sum_{i=1}^{n}x_i^2}{n}} \tag{1-2}$$

（3）几何平均值。

$$\overline{x}=\sqrt[n]{x_1x_2x_3\cdots x_n} \tag{1-3}$$

（4）加权平均值。

设同一物理量用不同方法测定，或同一物理量由不同人测定，计算平均值时，常对比较可靠的数值予以加重平均，称为加权平均。

$$\overline{x}=\frac{w_1x_1+w_2x_2+\cdots+w_nx_n}{w_1+w_2+\cdots+w_n}=\frac{\sum_{i=1}^{n}w_ix_i}{\sum_{i=1}^{n}w_i} \tag{1-4}$$

式中：$w_1, w_2, \cdots, w_n$——各测量值的对应权重。各测量值的权重一般凭经验确定。

计算平均值时要根据一组实验数据分布类型选择合适的平均值计算方法，在化工原理实验研究中，数据分布较多属于正态分布，故常采用算术平均值。

1.1.3　有效数字及其运算

1. 实验数字的有效数字

实验测量的数据和计算结果用几位数表达是十分重要的，数据的位数应由有效数字决定，有效数字应具备以下两个条件。

（1）从 0 到 9 的 10 个数字都可以作为有效数字，但用来指示小数点位置和定位的 0 不是有效数字。例如，0.0105m 中，105 是有效数字，第一个 0 用于确定小数点位置，第二个 0 用于定位，均不是有效数字。

（2）有效数字是指测量时能准确读出的数字（末位可以是估计数字），因此有效数字的位数完全由测量仪表确定。例如，用最小分度为 1℃的温度计测量空气的温度为 25.6℃，这三个数都是有效数字，反映了温度计的准确度和存在疑问的数字位置。

如上所述，有效数字除末位数外，其他位置都是准确无误的，能够真实反映测量结果。例如，甲、乙两地相距 25 000m，一般情况下，这样的数据不能说明两地距离的真实值，指明其中的有效数字后，距离的真值才会清晰。若只有两位有效数字，这一数值与真实距离相差几千米，有效数字为三位时，与真实距离相差几百米，有效数字为 5 位时，与真实距离相差几米。由此可见，测量数据的有效数字位数越多，就越接近真实值。25 000m 的写法是不妥的，应该用科学记数法。取不同的有效数字位数，25 000 应改写成：

有效数字位数	数
2	2.5×10^4
3	2.50×10^4
4	2.500×10^4
5	2.5000×10^4

采用科学记数法后，有效数字的位数以及数据准确度就一目了然了。

2. 有效数字的运算规则

1）数字舍入规则

对于位数很多的数字，有效数字位数确定后，后面多余的数字应舍去，有效数字最末一位数字应按以下舍入规则凑整。

（1）若舍去部分的第一位数字大于 5，则在前一位上增加 1。

（2）若舍去部分的第一位数字小于 5，则前一位不变。

（3）若舍去部分的第一位数字是 5，其前一位是奇数时应加 1，前一位是偶数时不变。

2）加减法运算

加减法运算中，参与运算的每个数的小数位数应与所给各数中小数点后位数最少的相同。例如，12.04+0.0072+1.532 应改为 12.04+0.01+1.53=13.58。

3）乘除法运算

乘除法运算中，参与运算的每个数所保留的位数以有效数字位数最少的为标准。例如，$0.0131\times25.94\times1.057\,82$ 中 0.0131 有效数字位数最少，因此计算时，所有数值的有效数字位数都应取三位，即 $0.0131\times25.9\times1.06=0.360$。

4）对数运算

所取的对数位数应与真数的有效数字位数相等。

5）参加运算的常数

π、e 等和某些因子（如 $\sqrt{2}$、1/3），其有效数字位数可以认为是无限的，计算时需要多少，就取多少。

1.2　误差基本概念

1.2.1　误差的定义及分类

在任何一种测量中，无论所用仪器多么精密，方法多么完善，实验者多么细心，不同时间所测得的结果不一定完全相同，存在一定的误差和偏差。严格来讲，误差是指实验测量值（包括直接和间接测量值）与真值（客观存在的准确值）之差，偏差是指实验测量值与平均值之差，但习惯上通常将两者混淆而不作区别。

根据误差的性质及其产生的原因，可将误差分为系统误差、随机误差、过失误差三种。

1. 系统误差

系统误差又称恒定误差，由某些固定不变的因素引起。在相同条件下进行多次测量，其误差数值的大小和正负保持恒定，或随条件改变按一定的规律变化。

产生系统误差的原因有 4 种：仪器刻度不准，砝码未经校正等；试剂不纯，质量不符合要求；周围环境的改变，如外界温度、压力、湿度的变化等；个人的习惯与偏向，如读取数据常偏高或偏低，记录某一信号的时间总是滞后，判定滴定终点的颜色程度各人不同等。可以用准确度一词来表征系统误差的大小，系统误差越小，准确度越高，反之亦然。

由于系统误差是测量误差的重要组成部分，因此消除和估计系统误差对于提高测量准确度十分重要。一般系统误差是有规律的，其产生的原因也是可查的，找出原因后往往可以采取措施清除或减小。对不能消除的系统误差应该设法估计其大小。系统误差的检验主要有 t 检验、秩和检验。

2. 随机误差

随机误差又称偶然误差，是由某些不易控制的因素引起的，主要表现为测量结果的分散性，但服从统计规律，可以采用概率统计的方法研究随机误差。在误差理论中，常用精密度一词来表征随机误差的大小。随机误差越大，精密度越低，反之亦然。

在测量中，如果已经消除引起系统误差的一切因素，而所测数据仍在末一位或末二位数字上有差别，则为随机误差。随机误差的存在，主要是人们只注意对测量影响较大的一些因素，而忽略其他一些影响较小的因素，这些因素一般较难发现，常无法控制，而这些因素正是造成随机误差的原因。随机误差的检验主要有 χ^2 检验和 F 检验。

3. 过失误差

过失误差又称粗大误差，是与实际明显不符的误差，主要是实验人员粗心大意导致的，如读错、测错、记错数据等带来的误差。含有过失误差的测量值称为坏值，应在整理数据时依据常用的准则（拉依达准则、格鲁布斯准则、狄克松准则等）加以剔除。

综上所述，可以认为系统误差和过失误差是可以设法避免的，而随机误差是不可避免的，因此最好的实验结果应该只含有随机误差。

1.2.2 精确度和准确度

测量的质量和水平可用误差的概念来体现，也可用精确度和准确度来描述。

1. 精确度

精确度用于衡量某个被测值进行几次测量得到的测量值的一致性，即实验结果的重复性。它可以反映随机误差对测量值的影响程度。

2. 准确度

准确度指测量结果与真值偏离的程度。它可以反映系统误差和随机误差综合影响程度。

精确度和准确度的区别可以用打靶来比喻。图 1.1（a）所示的系统误差小，随机误差大，精确度较低；图 1.1（b）的系统误差大，随机误差小，精确度高，准确度低；图 1.1（c）的系统误差和随机误差都小，精确度和准确度均较高。由此可见，实验测量的精确度高，不能说明其准确度也高，但准确度高时，测量结果的精确度也一定高。

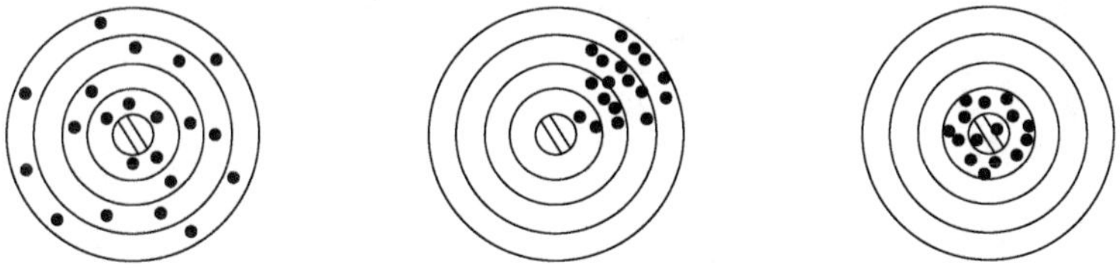

(a) (b) (c)

图 1.1 精确度、准确度含义示意图

1.3 误差的表示方法

对某个物理量（参数）进行 n 次重复测量时，测量误差可分为测量点误差和测量列（集合）误差。测量点指其中的某次测量，测量列由 n 次重复测量组成。

1.3.1 测量点的误差表示

1. 绝对误差 D

某次测量值与其真值之差的绝对值称为绝对误差。

$$D = |X - x| \tag{1-5}$$

式中：X——真值，常用多次测量的平均值代替；

x——测量集合中某测量值。

2. 相对误差 E_r

绝对误差与真值的绝对值之比称为相对误差。

$$E_r = \frac{D}{|X|} \tag{1-6}$$

相对误差可用来判断测量的准确度。例如，分别称量质量为 1kg 和 1g 的物体，称量绝对误差为 1g，相对误差分别为 0.1%和 100%，质量为 1g 的物体测量准确度很差，不能接受。

1.3.2 测量列（集合）的误差表示

对测量列（n 次测量值）的重复性、离散程度和随机误差进行评估一般采用算术平均误差和标准误差进行评价。

1. 算术平均误差

算术平均误差 δ 是表示误差的较好方法，其定义为

$$\delta = \frac{\sum_{i=1}^{n} D(x_i)}{n} = \frac{\sum_{i=1}^{n} |x_i - \bar{x}|}{n} \tag{1-7}$$

式中：x_i——第 i 次测量值；

$\bar{x}$——测量值的平均值；

n——测量次数。

算术平均误差的缺点是无法表示各次测量值间彼此符合的情况。

2. 标准误差

标准误差 σ 定义为

$$\sigma = \sqrt{\frac{\sum_{i=1}^{n} D^2(x_i)}{n-1}} = \sqrt{\frac{\sum_{i=1}^{n} (x_i - \bar{x})^2}{n-1}} \tag{1-8}$$

标准误差对一组测量中的较大误差或较小误差感觉比较灵敏，成为表示精确度的较好方法。

标准误差不是一个具体的误差，σ 的大小只说明在一定条件下，等精度测量集合所属的任一次观测值对其算术平均值的分散程度。如果 σ 的值小，说明该测量集合中小误差占优势，任何一次观测值对其算术平均值的分散度小，测量的可靠性大。

例 1.1　某次测量得到下列两组数据（单位为 g）。

A：5.3　5.4　5.2　5.1　5.0

B：4.9　5.2　5.2　5.5　5.2

求各组数据的算术平均误差和标准误差值。

解　算术平均值为

$$\overline{X}_A = \frac{5.3+5.4+5.2+5.1+5.0}{5} = 5.2$$

$$\overline{X}_B = \frac{4.9+5.2+5.2+5.5+5.2}{5} = 5.2$$

算术平均误差为

$$\delta_A = \frac{0.1+0.2+0.0+0.1+0.2}{5} = 0.12$$

$$\delta_B = \frac{0.3+0.0+0.0+0.3+0.0}{5} = 0.12$$

标准误差为

$$\sigma_A = \sqrt{\frac{0.1^2+0.2^2+0.1^2+0.2^2}{4}} = 0.16$$

$$\sigma_B = \sqrt{\frac{0.3^2+0.3^2}{4}} = 0.21$$

由计算结果可知，两组数据算术平均值相同，算术平均误差也相同，但离散情况明显不同。B 组数据的离散程度大于 A 组数据，A 组数据的随机误差小。

1.4　误 差 估 算

1.4.1　直接测量值估算误差

在化工实验中有许多物理量可以用测量仪表直接测得，有的物理量只需测量一次，有的物理量则通过多次测量求取平均值确定。

1. 一次测量值误差估算

一次测量得到的测量值的误差可以根据测量仪表的准确度估算。仪表的准确度常采用仪表的最大引用误差和准确等级表示。

仪表的最大引用误差定义为

$$\text{最大引用误差} = \frac{\text{仪表示值的绝对误差值}}{\text{仪表相应挡次量程的绝对值}} \times 100\% \tag{1-9}$$

式中，仪表示值的绝对误差值是指在规定的正常情况下，被测参数的测量值与其标准值之差的绝对值的最大值。对于多挡仪表，不同挡次示值的绝对误差和量程均不相同。式（1-9）表明，仪表值的绝对误差相同，量程范围越大，最大引用误差越小。

设仪表的准确度等级为 P 级，则最大引用误差为 $P\%$，若仪表的测量范围为 x_n，示值为 x，由式（1-9）得该示值的绝对误差为

$$D(x) \leqslant x_n \times P\% \tag{1-10}$$

相对误差为

$$E(x) = \frac{D(x)}{x} \leqslant \frac{x_n}{x} \times P\% \tag{1-11}$$

式（1-10）和式（1-11）表明，若仪表的准确度等级 P 和测量范围 x_n 固定，示值 x 越大，测量的相对误差越小。选用仪表时，不能盲目追求仪表的准确度等级，应兼顾仪表的准确度等级和 x_n/x。

例 1.2　欲测量大约为 80 V 的电压，实验室有 1.0 级 0～300 V 和 1.5 级 0～100 V 的电压表，选用哪种电压表较好？

解　用 1.0 级 0～300 V 电压表时

$$E(x) = \frac{x_n}{x} \times P\% = \frac{300}{80} \times 1.0\% = 3.8\%$$

用 1.5 级 0～100 V 的电压表时

$$E(x) = \frac{x_n}{x} \times P\% = \frac{100}{80} \times 1.5\% = 1.8\%$$

计算结果表明，用量程适当的 1.5 级仪表测量，能够得到比量程范围大、准确度等级高的 1.0 级仪表更准确的结果。因此，应根据被测值的大小，兼顾仪表的级别和测量上限，合理选择仪表。

2. 测量列（集合）的误差估算

当物理量的值是通过多次测量得到时，该测量值的误差可通过标准误差进行估算。设某一物理量重复测量了 n 次，各次测量值分别为 $x_1, x_2, \cdots, x_n$，该组数据的平均值和标准误差分别为

$$\overline{x} = \frac{1}{n}\sum_{i=1}^{n} x_i$$

$$\sigma = \sqrt{\frac{\sum (x_i - \overline{x})^2}{n-1}}$$

则

$$\text{绝对误差}=\frac{\sigma}{\sqrt{n}} \tag{1-12}$$

$$\text{相对误差}=\left(\frac{\sigma}{\sqrt{n}}\right)\Big/\overline{x} \tag{1-13}$$

1.4.2　间接测量值的误差估算

间接测量值是由 n 个直接测量值按一定的函数关系计算得到的。直接测量值存在误差，由于误差的传递，间接测量值必然也存在误差。间接测量值误差的估算涉及误差的传递问题。误差传递的一般规律可表示如下。

设有一间接测量值 y，是直接测量值 $x_1, x_2, \cdots, x_n$ 的函数，即

$$y=f\left(x_1,x_2,\cdots,x_n\right) \tag{1-14}$$

用 $\Delta x_1, \Delta x_2, \cdots, \Delta x_n$ 分别表示测量值 $x_1, x_2, \cdots, x_n$ 的绝对误差。Δy 表示由 $\Delta x_1, \Delta x_2, \cdots, \Delta x_n$ 引起 y 的绝对误差，则

$$\Delta y=f\left(x_1+\Delta x_1,x_2+\Delta x_2,\cdots,x_n+\Delta x_n\right)-f\left(x_1,x_2,\cdots,x_n\right) \tag{1-15}$$

由泰勒级数展开，并略去二阶以上的量，得到

$$\Delta y=\frac{\partial y}{\partial x_1}\Delta x_1+\frac{\partial y}{\partial x_2}\Delta x_2+\cdots+\frac{\partial y}{\partial x_n}\Delta x_n \tag{1-16}$$

间接测量值 y 的最大绝对误差为

$$D\left(y\right)=\sum_{i=1}^{n}\left|\frac{\partial y}{\partial x_i}D(x_i)\right| \tag{1-17}$$

式中：$\frac{\partial y}{\partial x_i}$——误差传递系数；

$D(x_i)$——直接测量值的绝对误差。

最大相对误差的计算式为

$$E\left(y\right)=\sum_{i=1}^{n}\left|\frac{\partial y}{\partial x_i}\frac{D(x_i)}{y}\right| \tag{1-18}$$

利用式（1-17）和式（1-18）计算误差时，对加减函数应先计算绝对误差，再计算相对误差，而对乘除函数其运算顺序相反。

例 1.3　求函数 $y=5x_1-4x_2-3x_3$ 的绝对误差和相对误差。

解　绝对误差 $D(y)$，由式（1-17）得

$$D(y)=\sum_{i=1}^{n}\left|\frac{\partial y}{\partial x_i}D(x_i)\right|=5D(x_1)+4D(x_2)+3D(x_3)$$

相对误差 $E(y)$，由式（1-18）得

$$E(y)=\sum_{i=1}^{n}\left|\frac{\partial y}{\partial x_i}\frac{D(x_i)}{y}\right|$$
$$=\frac{D(y)}{|y|}=\frac{5D(x_1)+4D(x_2)+3D(x_3)}{|y|}$$

计算结果表明，加减函数的最大绝对误差等于参加加减运算的各项函数的绝对误差之和。减法函数式中，原始数据固有的准确度有可能在减法运算中损失殆尽。例如，$y=x_1-x_2$，若 $x_1=54.5$，$x_2=53.5$，其绝对误差均小于 0.5，相对误差均为 0.93%。但 $D(y)=D(x_1)+D(x_2)=0.5+0.5=1.0$，差的绝对误差$|y|=0.5+0.5=1.0$。$x_1-x_2$ 的相对误差 $E(y)=E(y)/|y|=1.0/1.0=100\%$，是原始数据相对误差的 107.5 倍。实际工作应尽力避免此类情况，一般可采用两种措施，一是改变函数形式；二是在计算过程中人为多取几位有效数字。

例 1.4　求函数 $y=\frac{x_1x_2^2}{x_3^3}$ 的绝对误差和相对误差。

解　传递系数为

$$\frac{\partial y}{\partial x_1}=\frac{x_2^2}{x_3^3}，\quad \frac{\partial y}{\partial x_2}=\frac{2x_1x_2}{x_3^3}，\quad \frac{\partial y}{\partial x_3}=\frac{(-3)x_1x_2^2}{x_3^4}$$

相对误差为

$$E(y)=\left|\frac{D(x_1)}{x_1}\right|+2\left|\frac{D(x_2)}{x_2}\right|+3\left|\frac{D(x_3)}{x_3}\right|$$
$$=E(x_1)+2E(x_2)+3E(x_3)$$

绝对误差为

$$D(y)=E(y)\times y$$

由计算结果可知，积商的相对误差等于参与运算的各项的相对误差之和。

某些函数式运算误差的计算公式见表 1.1。

表 1.1　计算某些函数误差的简便公式

函数式	绝对误差 $D(y)$	相对误差 $E(y)$
$y=c$	$D(y)=0$	$E(y)=0$
$y=cx$	$D(y)=\lvert c\rvert D(x)$	$E(y)=\lvert c\rvert D(x)/\lvert y\rvert$
$y=x_1+x_2+x_3$	$D(y)=D(x_1)+D(x_2)+D(x_3)$	$E(y)=[D(x_1)+D(x_2)+D(x_3)]/\lvert y\rvert$

续表

函数式	绝对误差 $D(y)$	相对误差 $E(y)$
$y=x_1x_2$	$D(y)=E(y)\lvert y\rvert$	$E(y)=E(x_1)+E(x_2)$
$y=x_1x_2/x_3$	$D(y)=E(y)\lvert y\rvert$	$E(y)=E(x_1)+E(x_2)+E(x_3)$
$y=x^n$	$D(y)=E(y)\lvert y\rvert$	$E(y)=\lvert n\rvert E(x)$
$y=\sqrt[n]{x}$	$D(y)=E(y)\lvert y\rvert$	$E(y)=\frac{1}{n}E(x)$
$y=\lg x$	$D(y)=0.434E(x)$	$E(y)=D(y)/\lvert y\rvert$

1.4.3　误差分析应用举例

通过误差分析，找到引起误差的主要因素以及每个因素所引起的误差的大小，在此基础上通过改进研究方法和方案进一步提高实验研究的水平和质量。下面用一实例说明误差分析的应用。

例 1.5　用量热器测定固体的比热容 c_p 时，采用间接测量法，由直接测量的温度、质量，采用下式计算 c_p：

$$c_p=\frac{M(t_2-t_0)}{m(T_0-t_2)}c_{p,\mathrm{H_2O}}$$

式中：M——量热器内水的质量，kg；

m——被测固体的质量，kg；

t_0、t_2——测量前和测量时水的温度，℃；

T_0——被测固体放入量热器前的温度，℃；

$c_{p,\mathrm{H_2O}}$——水的比热容，kJ/(kg · ℃)。

测得结果如下：

$$M=(250.0\pm0.2)\ \mathrm{g},\quad m=(62.31\pm0.02)\ \mathrm{g}$$

$$t_0=(13.52\pm0.01)\ ℃,\quad t_2=(17.79\pm0.01)\ ℃$$

$$T_0=(99.32\pm0.04)\ ℃$$

试求被测固体比热容的真值，并分析应如何提高测量精度。

解　为方便计算，令 $t=t_2-t_0=4.27℃$，$T=T_0-t_2=81.53℃$，则原方程变为

$$c_p=\frac{Mt}{mT}c_{p,\mathrm{H_2O}}$$

各变量的绝对误差为

$$D(M)=0.2\text{g}，\quad D(m)=0.02\text{g}$$
$$D(t)=|D(t_2)|+|D(t_0)|=0.01+0.01=0.02\ (℃)$$
$$D(T)=|D(T_0)|+|D(t_2)|=0.04+0.01=0.05\ (℃)$$

各变量的相对误差为

$$E(M)=\frac{D(M)}{M}=\frac{0.2}{250.0}\times100\%=0.08\%$$
$$E(m)=\frac{D(m)}{m}=\frac{0.02}{62.31}\times100\%=0.032\%$$
$$E(t)=\frac{D(t)}{t}=\frac{0.02}{4.27}\times100\%=0.468\%$$
$$E(T)=\frac{D(T)}{T}=\frac{0.05}{81.53}\times100\%=0.061\%$$

被测固体比热容的相对误差为

$$\begin{aligned}E(c_p)&=E(M)+E(m)+E(t)+E(T)\\&=0.08\%+0.032\%+0.468\%+0.061\%\\&=0.641\%\end{aligned}$$

被测固体比热容的测量值为

$$c_p=\frac{250.0\times4.27\times4.18}{62.31\times81.53}=0.878\ [\text{J/(g·℃)}]$$

被测固体比热容的绝对误差为

$$D(c_p)=E(c_p)c_p=0.641\%\times0.878=5.628\times10^{-3}\approx6\times10^{-3}\ [\text{J/(g·℃)}]$$

被测固体比热容的真值为

$$c_p=(0.878\pm6\times10^{-3})\ [\text{J/(g·℃)}]$$

要提高测量精度，通过分析各变量的相对误差可知，t 的相对误差最大，显然为提高 c_p 的测量精度应改善 t 的测量精度，即提高测量水温的温度计精度，可采用贝克曼温度计，最小分度值为 0.002℃，精度可达±0.001℃，则 t 的相对误差变为

$$E(t)=\frac{D(t)}{t}=\frac{0.002}{4.27}\times100\%=0.0468\%$$

提高 t 的测量精度后各变量测量精度基本相当，c_p 的绝对测量误差为

$$\begin{aligned}D(c_p)&=(0.08\%+0.032\%+0.0468\%+0.061\%)\times0.878=0.2198\%\times0.878\\&=1.93\times10^{-3}\approx2\times10^{-3}[\text{J/(g·℃)}]\end{aligned}$$

提高 t 的测量精度后，c_p 的真值应为

$$c_p=(0.878\pm2\times10^{-3})\ [\text{J/(g·℃)}]$$

第 2 章　实验数据处理

实验数据处理，就是以测量为手段，以研究对象的概念、状态为基础，以数学运算为工具，推断出某测量值的真值，并导出某些具有规律性结论的整个过程。因此，对实验数据进行处理，可使人们清楚地观察到各变量之间的定量关系，以便进一步分析实验现象，得出规律，指导生产与设计。

数据处理的方法有三种：列表法、图示法和数学模型法（回归分析法）。

2.1　列　表　法

将实验数据按自变量和因变量的关系，以一定的顺序列出数据表，即为列表法。列表法有许多优点：为不遗漏数据，原始数据记录表会给数据处理带来方便；列出数据使数据易比较、形式紧凑；同一表格内可以表示几个变量间的关系等。列表通常是整理数据的第一步，为标绘曲线图或整理成数学公式打下基础。

2.1.1　实验数据表分类

实验数据表一般分为两大类：原始数据记录表和整理计算数据表。下面以离心泵性能测定实验为例进行说明。

原始数据记录表是根据实验的具体内容而设计的，以清楚地记录所有待测数据。该表必须在实验前完成。离心泵性能测定实验原始数据记录表见表 2.1。

表 2.1　离心泵性能测定实验原始数据记录表

姓名________　实验时间________年______月____日　实验装置编号__________

离心泵型号________　铭牌参数：流量______　扬程______　效率______　功率______

序号	流量/(m^3/h)	真空表/kPa	压力表/kPa	转速/(r/min)	功率表/kW
1 2 3 ⋮					

整理计算数据表可细分为中间计算结果表（体现出实验过程主要变量的计算结果）、综合结果表（表达实验过程中得出的结论）和误差分析表（表达实验值与参照值或理论值的误差范围）等，实验报告中要用到几个表，应根据具体实验情

况而定。离心泵性能测定整理计算数据表见表 2.2，误差分析结果表见表 2.3。

表 2.2　离心泵性能测定整理计算数据表

序号	流量/(m^3/h)	扬程/m	功率/kW	效率/%
1 2 3 ⋮				

表 2.3　离心泵性能测定误差分析结果表

序号	扬程	功率	效率
	理论　实测值	理论　实测值	理论　实测值
	相对误差/%	相对误差/%	相对误差/%
1 2 3 ⋮			

2.1.2　设计实验数据表应注意的事项

（1）表格设计要力求简明扼要，一目了然，便于阅读和使用。记录、计算项目要满足实验需要，如原始数据记录表格上方要列出实验装置的几何参数及环境参数。

（2）表头列出物理量的名称、符号和计算单位。符号与计量单位之间用斜线“/”隔开。斜线不能重叠使用。计量单位不宜混在数字之中，造成分辨不清。

（3）注意有效数字位数，即记录的数字应与测量仪表的准确度相匹配，不可过多或过少。

（4）物理量的数值较大或较小时，要用科学记数法表示。以“物理量的符号×$10^{\pm n}$/计量单位”的形式记入表头。注意：表头中的 $10^{\pm n}$ 与表中的数据应服从下式：

$$\text{物理量的实际值}\times 10^{\pm n}=\text{表中数据}$$

（5）为便于引用，每一个数据表都应在表的上方写明表号和表题（表名）。表号应按出现的顺序编写并在正文中有所交代。同一个表尽量不跨页，必须跨页时，在跨页的表上需注“续表”。

（6）数据书写要清楚整齐。修改时宜用单线将错误的数据划掉，将正确的数据写在下面。各种实验条件及记录者的姓名可作为“表注”，写在表的下方。

2.2 图 示 法

实验数据图示法就是将整理得到的实验数据或结果标绘成描述因变量随自变量变化关系的曲线图。该法的优点是直观清晰，便于比较，容易看出数据中的极值点、转折点、周期性、变化率及其他特性，准确的图形还可以在不知数学表达式的情况下进行微积分运算。诸多优点使图示法在数据处理上得到了广泛应用。

实验曲线的标绘必须遵循一定规则，只有遵循这些规则，才能得到与实验点位置偏差最小且光滑的曲线图形。

2.2.1 坐标系的选择

化工生产和研究中常用的坐标系有直角坐标系、单对数坐标系和双对数坐标系。直角坐标系的两个轴均是分度均匀的普通坐标轴。单对数坐标系的一个轴是普通坐标轴，另一个轴是分度不均匀的对数坐标轴。双对数坐标系的两个轴都是分度不均匀的对数坐标轴。单对数坐标系和双对数坐标系分别如图 2.1 和图 2.2 所示。

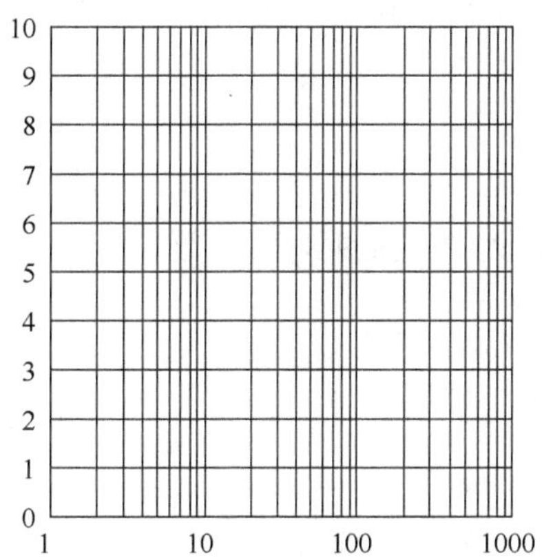

图 2.1　单对数坐标图

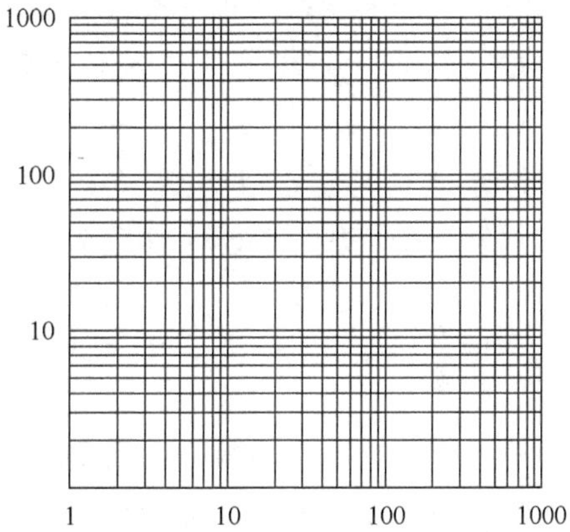

图 2.2　双对数坐标图

坐标系的选择应根据实验数据的特点进行。在下列情况下建议采用单对数坐标系。

（1）变量之一在所研究的范围内发生了几个数量级的变化。

（2）在自变量由零开始逐渐增大的初始阶段，当自变量的少许变化引起因变量极大变化时，采用单对数坐标系可使曲线最大变化范围伸长，使图形轮廓清楚。

（3）当需要变换某种非线性关系为线性关系时，可用单对数坐标系，如将指数型函数变换为直线函数关系。

若变量 x、y 存在指数函数型关系，则有

$$y = ae^{bx}$$

式中，a、b 为待定系数。

在这种情况下，若把 x、y 数据标绘在直角坐标系上，所得图形必为一曲线。若对上式两边同时取对数，得

$$\lg y = \lg a + bx\lg e$$

令 $\lg y = Y$，$b\lg e = k$，则上式变为

$$Y = \lg a + kx$$

经上述处理，x、Y 变成了线性关系，以 $\lg y = Y$ 对 x 在直角坐标系上作图，其图形也是直线。为了避免对每一个实验数据 y 取对数的麻烦，可以采用单对数坐标系，即如果把 x、y 数据标绘在单对数坐标系上，若为直线的话，其关联式必为指数函数型。

在下列情况下，建议使用双对数坐标系。

（1）变量 x、y 在数值上均变化了几个数量级。

（2）需要将曲线开始部分划分成展开的形式。

（3）当需要变换某种非线性关系为线性关系时，如幂函数。

若变量 x、y 数据存在幂函数关系式，则有

$$y = ax^b$$

式中，a、b 为待定系数。

若直接在直角坐标系上作图必为曲线，为此把上式两边取对数

$$\lg y = \lg a + b\lg x$$

令 $\lg y = Y$，$\lg x = X$，则上式变换为

$$Y = \lg a + bX$$

根据上式，把实验数据 x、y 取对数，$\lg x = X$，$\lg y = Y$，并在直角坐标线系上作图也得一条直线。同理，为了解决每次取对数的麻烦，可以把 x、y 直接标在双对数坐标系上，所得结果完全相同。

2.2.2 图示法应注意的事项

（1）对于两个变量的系统，习惯上选横轴为自变量，纵轴为因变量。在两轴侧要标明变量名称、符号和单位，如离心泵特性曲线的横轴需标明：流量 $Q/(m^3/h)$。尤其是单位，初学者往往因受纯数学的影响而容易忽略。

（2）坐标分度要适当，使变量的函数关系表现清楚。

对于直角坐标系，原点不一定选为零点，应根据所标绘数据范围而定，其

原点应移至比数据中最小者稍小一些的位置为宜，能使图形占满全幅坐标线为原则。

对于对数坐标系，坐标轴刻度是按 1, 2, …, 10 的对数值大小划分的，其分度要遵循对数坐标系的规律，当用坐标表示不同大小的数据时，只可将各值乘以 10^n（n 取正、负整数），而不能任意划分。对数坐标系的原点不是零。在对数坐标系上，1, 10, 100, 1000 之间的实际距离是相同的，因为上述各数相应的对数值为 0, 1, 2, 3，这在线性坐标系上的距离相同。

（3）实验数据的标绘。若在同一张坐标系上同时标绘几组测量值，则各组要用不同符号（如○、△、×等）以示区别。若几组不同函数关系绘在一张坐标系上，则应在曲线上标明函数关系名称。

（4）图必须有图号和图题（图名），图号应按出现的顺序编写，并在正文中有所交代，必要时还应有图注。

（5）图线应光滑。利用曲线板等工具将各离散点连接成光滑曲线，并使曲线尽可能通过较多的实验点，或者使曲线以外的点尽可能位于曲线附近，并使曲线两侧的点数大致相等。

2.3 数学模型法

在实验研究中，除用表格和图形描述变量间的关系外，还常把实验数据整理成方程式，以描述过程或现象的自变量和因变量之间的关系，即建立描述过程的数学模型。其方法是将实验数据绘制成曲线，与已知的函数关系式的典型曲线进行对照选择，然后用图解法或回归分析确定函数式中的各种常数。所得函数表达式是否能准确地反映实验数据存在的关系，应通过检验加以确认。运用计算机将实验数据结果回归为数学方程已成为实验数据处理的主要手段。

2.3.1 数学模型的选择与建立

数学模型选择的原则是：既要求形式简单，所含常数较少，同时也希望能准确地表达实验数据之间的关系。但要同时满足这两点往往难以做到，通常是在保证必要的准确度的前提下，尽可能选择简单的线性函数或者经过适当方法转换成线性关系的函数形式，使数据处理工作得到简化。

建立数学模型的一般方法是：将实验数据标绘在直角坐标系中，然后分析实验曲线的形状，如果实验曲线接近直线，即可选择直线方程 $y=ax+b$；如果与直线相差较远，可将实验曲线与典型的函数曲线进行对比，选择曲线与实验曲线相似的典型函数作为数学模型，然后选择合适的方法确定模型中的常数。常见函数的典型图形及线性化方法列于表 2.4。

表 2.4　化工中常见的曲线与函数式之间的关系

序号	图形	函数及线性化方法
1	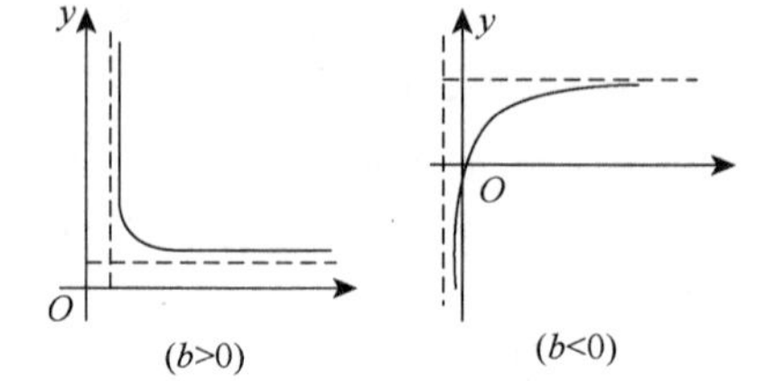	双曲线函数 $y=\dfrac{x}{ax+b}$ 令 $Y=\dfrac{1}{y}$， $X=\dfrac{1}{x}$ 则得直线方程 $Y=a+bX$
2	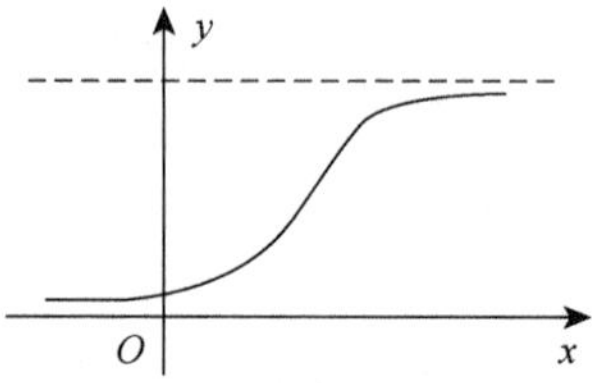	S 形曲线 $y=\dfrac{1}{a+b\mathrm{e}^{-x}}$ 令 $Y=\dfrac{1}{y}$， $X=\mathrm{e}^{-x}$ 则得直线方程 $Y=a+bX$
3	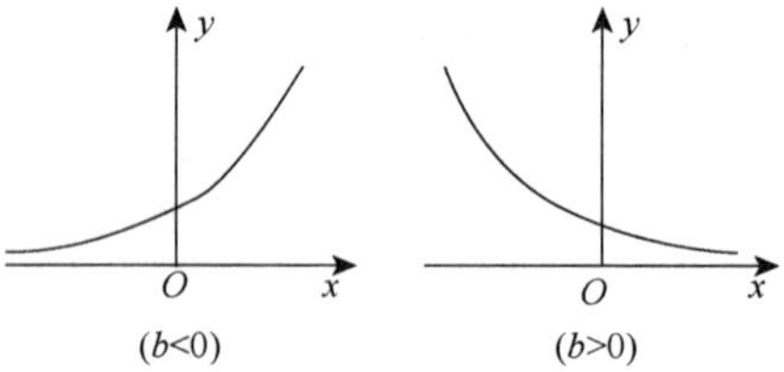	指数函数 $y=a\mathrm{e}^{bk}$ 令 $Y=\lg y$， $X=x$， $k=b\lg\mathrm{e}$ 则得直线方程 $Y=\lg a+kX$
4	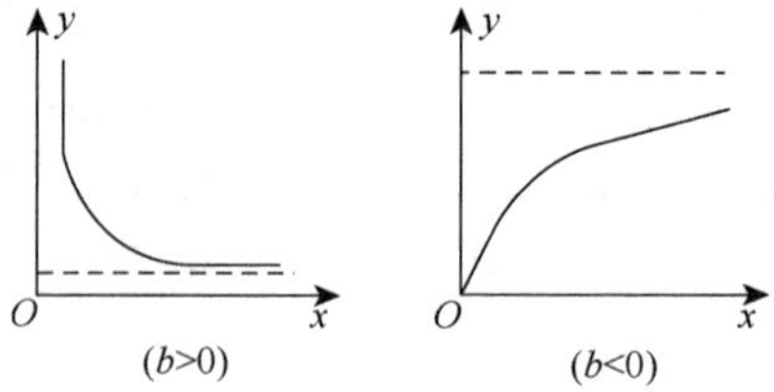	指数函数 $y=a\mathrm{e}^{\frac{b}{x}}$ 令 $Y=\lg y$， $X=\dfrac{1}{x}$， $k=b\lg\mathrm{e}$ 则得直线方程 $Y=\lg a+kX$
5	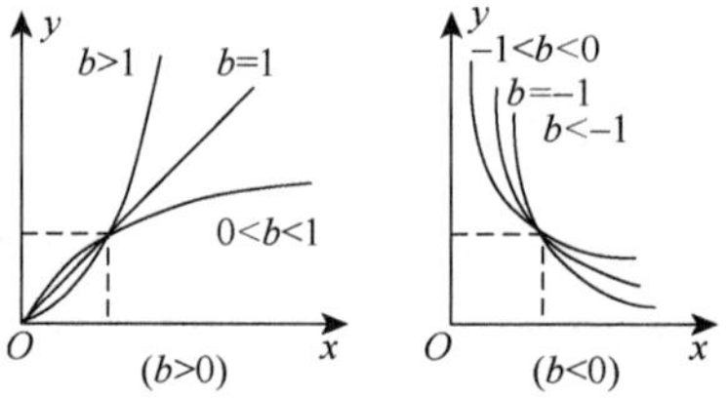	幂函数 $y=ax^b$ 令 $Y=\lg y$， $X=\lg x$ 则得直线方程 $Y=\lg a+bX$
6	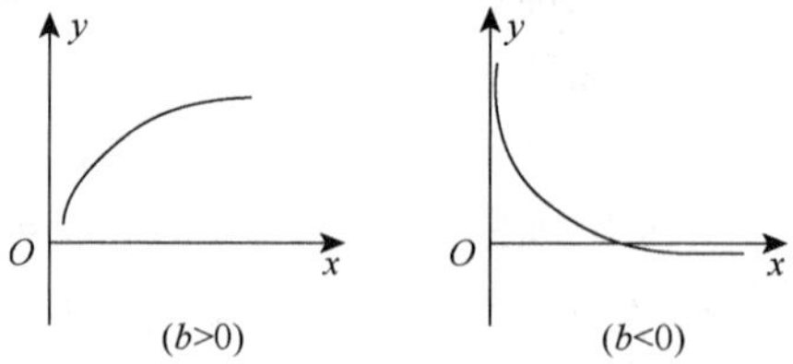	对数函数 $y=a+b\lg x$ 令 $Y=y, X=\lg x$ 则得直线方程 $Y=a+bX$

2.3.2　数学模型中常数的确定

确定数学模型中的常数，通常采用图解法和回归分析法。

1. 图解法

图解法确定常数具有简单、直观的特点。下面以幂函数、指数函数和对数函数为例说明图解法确定常数的具体方法。

1）幂函数的线性图解法

幂函数 $y = ax^b$ 线性化后变成 $Y = \lg a + bX$（见 2.2.1），将实验数据 y、x 标绘在双对数坐标系中，实验曲线应为直线，如图 2.3 所示。

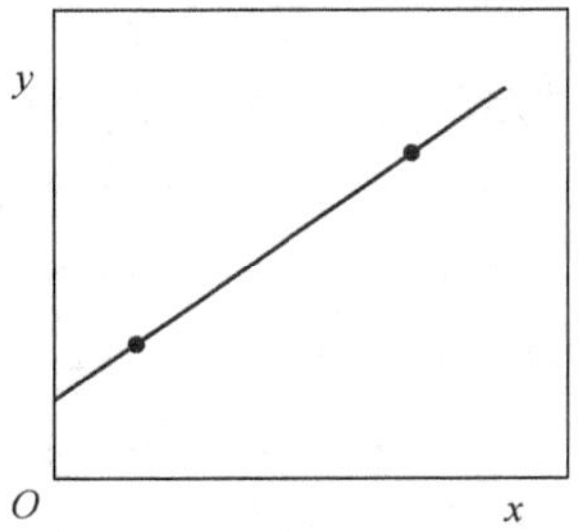

图 2.3　幂函数线性图解

直线斜率 b 可由式（2-1）求取。

$$b = \frac{\Delta y}{\Delta x} = \frac{\lg y_2 - \lg y_1}{\lg x_2 - \lg x_1} \tag{2-1}$$

$\lg a$ 为纵轴截距，由此值可以求出常数 a，当实验直线不能与 Y 轴相交时也可在直线上任取一组 Y、X 值，代入方程，求出 $\lg a$。

2）指数或对数函数的线性图解法

当所研究的函数关系呈指数函数 $y = ae^{bx}$ 或对数函数 $y = a + b\lg x$ 时，将实验数据标绘在单对数坐标系上的图形是一直线。线性化方法见表 2.4 中的 3 和 6。

（1）系数 b 的求法。

对 $y = ae^{bx}$，线性化为 $Y = \lg a + kx$，式中 $k = b\lg e$，其纵轴为对数坐标，斜率为

$$k = \frac{\lg y_2 - \lg y_1}{x_2 - x_1} \tag{2-2}$$

$$b = \frac{k}{\lg e} \tag{2-3}$$

对 $y = a + b\lg x$，横轴为对数坐标，斜率为

$$b = \frac{y_2 - y_1}{\lg x_2 - \lg x_1} \tag{2-4}$$

（2）系数 a 的求法。

系数 a 的求法与幂函数中所述方法基本相同，可用直线上任一点处的坐标值和已经求出的系数 b 代入函数关系式后求解。

2. 回归分析法

用图解法确定数学模型中常数的方法虽然有很多优点，但它的应用范围十分有限。目前寻求实验数据的变量之间关系的数学模型应用最广泛的方法是回归分析法，用这种数学方法，可以从大量的散点数据中寻找到能反映事物内部规律的数学模型。回归分析与计算机相结合已成为确定数学模型最有效的手段之一。

回归也称拟合，得到的方程称为回归方程。回归可分为线性回归和非线性回归两大类，进行线性回归时，最有效的方法是最小二乘法，对于非线性问题也往往设法将其转化成线性问题，然后进行回归。

1）一元线性回归

将一组对应的实验数据标绘在直角坐标系中，如果实验点分布近似于一条直线，可采用一元线性回归法，求取回归直线表达式，其原理如下所述。

设 n 个实验点 $(x_1, y_1), (x_2, y_2), \cdots, (x_n, y_n)$，可用一条直线表达它们之间的关系，即

$$\hat{y} = ax + b \tag{2-5}$$

式中：$\hat{y}$——回归式计算值（回归值）；

a、b——回归系数。

对每一测量值 x_i 均可由上式求出相应的 $\hat{y}_i$。回归值 $\hat{y}_i$ 与实测值 y_i 之差的绝对值 $d_i = |y_i - \hat{y}_i|$ 表明与回归直线的偏离程度。偏离程度越小，说明直线与实验数据拟合得越好。

设

$$Q = \sum_{i=1}^{n} d_i^2 = \sum_{i=1}^{n} \left[y_i - (ax + b) \right]^2 \tag{2-6}$$

式中，y_i、x_i 均是已知实验值，故 $Q = f(a, b)$，要求偏离程度小，就是要求 Q 取得极小（最小）值。根据最小二乘法原理，将式（2-6）分别对 a、b 求偏导数并令其为零，可求得 a、b 之值，即

$$\begin{cases} \dfrac{\partial Q}{\partial a} = -2\sum_{i=1}^{n}(y_i - ax_i - b)x_i = 0 \\ \dfrac{\partial Q}{\partial b} = -2\sum_{i=1}^{n}(y_i - ax_i - b) = 0 \end{cases} \tag{2-7}$$

将 $\overline{x} = \dfrac{1}{n}\sum_{i=1}^{n} x_i, \overline{y} = \dfrac{1}{n}\sum_{i=1}^{n} y_i$ 代入式（2-7）中解得

$$\begin{cases} b + \overline{x}a = \overline{y} \\ n\overline{x}b + \left(\sum_{i=1}^{n} x_i^2\right)a = \sum_{i=1}^{n} x_i y_i \end{cases} \tag{2-8}$$

解式（2-8）得

$$a=\frac{\sum(x_iy_i)-n\overline{x}\,\overline{y}}{\sum x_i^2-n(\overline{x})^2} \tag{2-9}$$

$$b=\overline{y}-a\overline{x} \tag{2-10}$$

对实验数据进行线性回归后，还要进行检验，表达两个变量线性关系密切程度的常用数量性指标是相关系数 r，相关系数 r 的定义为

$$r=\frac{l_{xy}}{\sqrt{l_{xx}l_{yy}}} \tag{2-11}$$

式中

$$l_{xx}=\sum_{i=1}^{n}\left(x_i-\overline{x}\right)^2 \tag{2-12}$$

$$l_{yy}=\sum_{i=1}^{n}\left(y_i-\overline{y}\right)^2 \tag{2-13}$$

$$l_{xy}=\sum_{i=1}^{n}\left(x_i-\overline{x}\right)\left(y_i-\overline{y}\right) \tag{2-14}$$

相关系数 r 的几何意义可用图 2.4 说明。

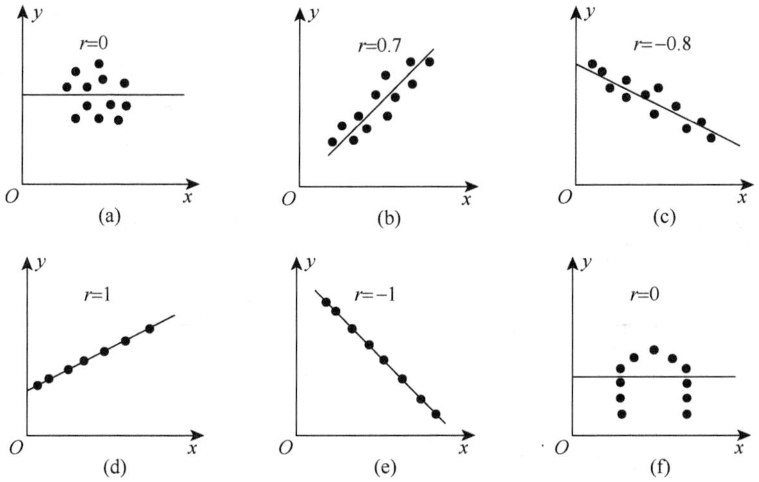

图 2.4　相关系数的几何意义图

相关系数 r 绝对值的大小能衡量两个变量线性相关的程度，可分为三类讨论如下：

（1）$|r|=0$，此时 $l_{xy}=0$，即回归直线的斜率为零，不存在直线关系。此时实验点分布情况有两种：y、x 的关系无规律可循，如图 2.4（a）所示；y、x 之间存在

某种非线性关系，如图 2.4（f）所示。

（2）$0<|r|<1$，此种情况下，y、x 存在一定的线性关系，但有较大的偏差。如图 2.4（b）和（c）所示，绝对值越接近 1，实验点越靠近回归直线，绝对值越小，实验点偏离程度越大。

（3）$|r|=1$，此时所有的实验点都落在回归直线上，y 与 x 完全线性相关，如图 2.4（d）和（e）所示。

一般情况下，$|r|\neq 1$，但$|r|$与 1 接近到什么程度才能认为 y、x 之间存在线性关系呢？这需要对相关系数 r 进行显著性检验。只有当$|r|>r_{\min}$时，y、x 间线性相关程度显著，才能认为 y、x 之间存在线性关系。$r_{\min}$ 值可查数学手册中的相关系数检查表。可以根据实验数据点的个数 n 和显著水平 α 从该表中查出相应的 $r_{\min}$。显著性水平可取 α=1%或 5%。

例 2.1　已知实验数据 y_i 与 x_i 的值，见表 2.5，请利用线性回归求取回归方程。

表 2.5　与例 2.1 有关的数据

序号	x_i	y_i	x_i^2	y_i^2	x_iy_i
1	1	3.1	1	9.61	3.1
2	3	4.2	9	17.64	12.6
3	8	5.9	64	34.81	47.6
4	10	7.0	100	49.00	70.0
5	13	8.1	169	65.61	105.3
6	15	8.9	225	79.21	133.5
7	17	10.2	289	104.04	173.4
8	20	10.8	400	116.64	216.0
Σ	87	58.2	1257	476.56	761.1

解

$$\overline{x}=\frac{\sum x_i}{8}=\frac{87}{8}=10.88$$

$$\overline{y}=\frac{\sum y_i}{8}=\frac{58.2}{8}=7.28$$

$$a=\frac{\sum(x_iy_i)-n\overline{x}\,\overline{y}}{\sum x_i^2-n(\overline{x})^2}=\frac{761.1-8\times10.88\times7.28}{1257-8\times10.88^2}=0.41$$

$$b=\overline{y}-a\overline{x}=7.28-0.41\times10.88=2.79$$

$$r=\frac{l_{xy}}{\sqrt{l_{xx}l_{yy}}}=\frac{128.18}{\sqrt{310.88\times 53.16}}=0.997$$

$$n-2=6$$

α=5%时，$r_{\min}$=0.707；α=1%时，$r_{\min}$=0.834。

显然，对两个参数测量值的显著性水平 r 均大于 $r_{\min}$，说明该组实验数据线性程度较高，其回归直线方程为 $\hat{y}=0.41x+2.79$。

2）多元线性回归

在实际问题中，自变量往往不止一个，相应的回归分析是多元的。多元线性回归与一元线性回归原理上完全相同，仍需用最小二乘法确定回归方程中的常数项和回归系数。

设影响因变量 y 的自变量有 m 个：$x_1, x_2, \cdots, x_m$，通过实验得到下列 n 组观测数据：

$$\left(x_{1i}, x_{2i}\cdots, x_{mi}, y_i\right) \qquad i=1, 2, \cdots, n$$

设实验数据满足方程

$$\hat{y}=b_0+b_1x_1+b_2x_2+\cdots+b_mx_m \tag{2-15}$$

$$Q=\sum_{i=1}^{n}d_i^2=\sum_{i=1}^{n}\left[y_i-\left(b_0+b_1x_{1i}+b_2x_{2i}+\cdots+b_mx_{mi}\right)\right]^2 \tag{2-16}$$

求偏导数并令其为零，得

$$\begin{aligned}
&\frac{\partial Q}{\partial b_0}=-2\sum_{i=1}^{n}\left[y_i-\left(b_0+b_1x_{1i}+b_2x_{2i}+\cdots+b_mx_{mi}\right)\right]=0\\
&\frac{\partial Q}{\partial b_1}=-2\sum_{i=1}^{n}\left[y_i-\left(b_0+b_1x_{1i}+b_2x_{2i}+\cdots+b_mx_{mi}\right)\right]x_{1i}=0\\
&\qquad\vdots\\
&\frac{\partial Q}{\partial b_m}=-2\sum_{i=1}^{n}\left[y_i-\left(b_0+b_1x_{1i}+b_2x_{2i}+\cdots+b_mx_{mi}\right)\right]x_{mi}=0
\end{aligned} \tag{2-17}$$

由上述方程组解得

$$\begin{aligned}
nb_0+b_1\sum x_i+b_2\sum x_{2i}+\cdots+b_m\sum x_m&=\sum y_i\\
b_0\sum x_{1i}+b_1\sum x_{1i}^2+b_2\sum x_{2i}x_{1i}+\cdots+b_m\sum x_{mi}x_{1i}&=\sum y_ix_{1i}\\
&\vdots\\
b_0\sum x_{mi}+b_1\sum x_{1i}x_{mi}+b_2\sum x_{2i}x_{mi}+\cdots+b_m\sum x_{mi}^2&=\sum y_ix_{mi}
\end{aligned} \tag{2-18}$$

方程组（2-18）经整理后，得到如下形式的方程组：

$$\begin{aligned} l_{11}b_1 + l_{12}b_2 + \cdots + l_{1m}b_m &= l_{1y} \\ l_{21}b_1 + l_{22}b_2 + \cdots + l_{2m}b_m &= l_{2y} \\ &\vdots \\ l_{m1}b_1 + l_{m2}b_2 + \cdots + l_{mm}b_m &= l_{my} \end{aligned} \tag{2-19}$$

计算方程组（2-19）中系数的通式为

$$l_{kj} = \sum_i \left(x_{ji} - \overline{x}_j\right)\left(x_{ki} - \overline{x}_k\right) = \sum_i x_{ji}x_{ki} - \frac{1}{n}\left(\sum_i x_{ji}\right)\left(\sum_i x_{ki}\right) \tag{2-20}$$

$$l_{jy} = \sum_i \left(x_{ji} - \overline{x}_j\right)\left(y_i - \overline{y}\right) = \sum_i x_{ji}y_i - \frac{1}{n}\left(\sum_i x_{ji}\right)\left(\sum_i y_i\right) \tag{2-21}$$

式中：i=1, 2, ⋯, n；

k=1, 2, ⋯, m；

j=1, 2, ⋯, m。

利用式（2-20）和式（2-21）解出 l_{kj}、l_{jy}，代入方程组（2-19）可求得回归系数 $b_1, b_2, \cdots, b_m$ 值。b_0 值由式（2-22）解出。

$$b_0 = \overline{y} - b_1\overline{x}_1 - b_2\overline{x}_2 - \cdots - b_m\overline{x}_m \tag{2-22}$$

3）非线性回归

当回归函数是比较复杂的非线性函数时，其回归方法可分成两类：一类是将函数转化为线性函数，采用线性回归；另一类是函数不能线性化的，直接采用非线性回归。

（1）可线性化的非线性回归。

许多非线性方程，经过适当的处理和变量代换可以转化成线性方程，从而可用线性回归进行处理。例如，流体在圆形直管中强制湍流的对流传热系数，一般可用下述检验公式计算：

$$\alpha = B\frac{\lambda}{d}\mathrm{Re}^m\mathrm{Pr}^n \tag{2-23}$$

式中的常数 B、m、n 需要利用实验数据通过回归分析方程确定。对式（2-23）两边取对数得

$$\lg\alpha = \lg\left(B\frac{\lambda}{d}\right) + m\lg\mathrm{Re} + n\lg\mathrm{Pr}$$

令 $y=\lg\alpha$，$x_1=\lg\mathrm{Re}$，$x_2=\lg\mathrm{Pr}$，$b_0=\lg\left(B\dfrac{\lambda}{d}\right)$，$b_1=m$，$b_2=n$，则式（2-23）转化为

$$y=b_0+b_1x_1+b_2x_2 \tag{2-24}$$

式（2-24）为多元线性方程，可用线性回归确定 B、m、n 的数值。

（2）不能线性化的非线性回归。

对于不能线性化的非线性方程，要确定其中的参数值，就要直接进行非线性回归。一般的非线性回归通常采用逐次逼近的方法处理，其实质就是逐次“线性化”，具体做法请参阅有关书籍。

第 3 章　实验测量仪表

在化工生产和实验中，常需测量温度、压力、流量等参数，需要采用各种各类测量仪表，测量数据的优劣与测量仪表的性能密切相关。因此，全面深入地了解测量仪表的特性以及仪表的结构和工作原理，才能合理地选用仪表，正确地使用仪表，得到准确的测量数据。

3.1　仪表特性参数

3.1.1　量程与精度

1. 量程

任何测量仪表都存在相应的测量范围，即量程。

选用的仪表量程过大时，会出现测量值反应不灵敏的现象，造成较大的误差。量程过小时，测量值将会超过仪表的承受能力，毁坏仪表。因此，使用者必须对所用仪表的测量范围心中有数，避免出现量程过大或过小的现象。

2. 精度

用仪表测量数据时，测量误差是不可避免的。为了估计测量值误差的大小，不仅需要了解仪表的量程，而且还应知道仪表的精度。精度是指测量值接近真实值的程度。测量仪表的精度常用正常条件下最大的或允许的相对百分误差来表示，即

$$\delta = \frac{|x - x_0|}{x_2 - x_1} \times 100\% \tag{3-1}$$

式中：x——被测参数的测量值；

x_0——被测参数的标准值，常取高级精度仪表测量值；

x_1——量程下限值；

x_2——量程上限值。

由式（3-1）可知，仪表的精度不仅与测量的绝对误差 $\Delta x = |x - x_0|$ 有关，还与仪表的量程有关。

前述正常工作条件是指：重力场中，环境仪表温度为(25±10)℃，大气压为

(100 ± 4)kPa，大气相对湿度为$(65\pm15)\times100\%$。在正常工作条件下，仪表的相对误差可以表示仪表的精度等级，相对百分误差越小，精度等级越高。当工作条件偏离正常工作条件时，由于外界条件变化而引起的额外误差称为仪表的附加误差。

3.1.2　灵敏度与灵敏限

1. 灵敏度

灵敏度是指仪表的输出量增量与相应的输入量增量之比，即

$$S=\frac{\Delta y}{\Delta x} \tag{3-2}$$

式中：S——仪表的灵敏度；

Δy——仪表输出量变化值；

Δx——仪表输入量变化值。

对于线性测量仪表，输出量与输入量应呈直线关系，其灵敏度就是拟合直线的斜率，即灵敏度为常数。非线性仪表的灵敏度不是常数。

2. 灵敏限

灵敏限是指引起仪表输出变化的被测参数的最小变化量。一般灵敏限的数值应小于仪表最大绝对误差的 1/2，即

$$\text{灵敏限}\leqslant\frac{1}{2}\left|x-x_0\right|_{\max} \tag{3-3}$$

由式（3-1）得

$$\left|x-x_0\right|_{\max}=\delta\left|x_2-x_1\right|$$

$$\text{灵敏限}\leqslant\frac{\text{等级精度}}{2\times100}\left|x_2-x_1\right| \tag{3-4}$$

3.1.3　线性度与回差

1. 线性度

由于各种条件因素的影响，理论上具有线性刻度的测量仪表的实际测量曲线与理论直线往往存在偏差，如图 3.1 所示。线性度表征测量仪表的输出、输入关系曲线与所选用的拟合直线（可看成理论直线或工作直线）之间的偏差，通常用相对误差表示，即

$$\delta_L=\pm\frac{\Delta L_{\max}}{Y_{\mathrm{FS}}}\times100\% \tag{3-5}$$

式中：ΔL_{max}——输出值与拟合直线间的最大差值；

Y_{FS}——理论满量程输出值。

一般要求测量仪表的线性度要高，即相对误差 δ_L 要小。

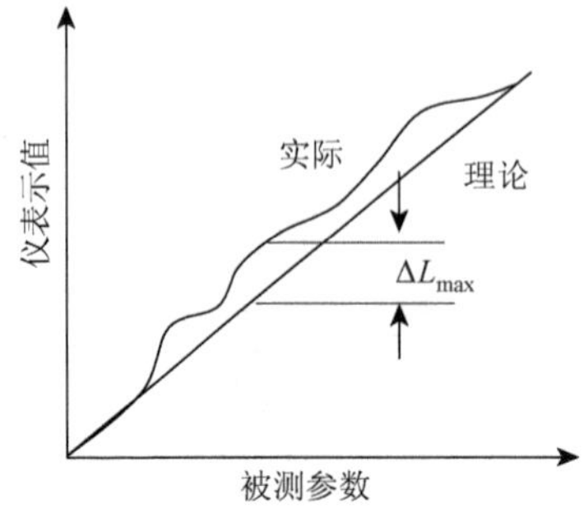

图 3.1　非线性误差特性示意图

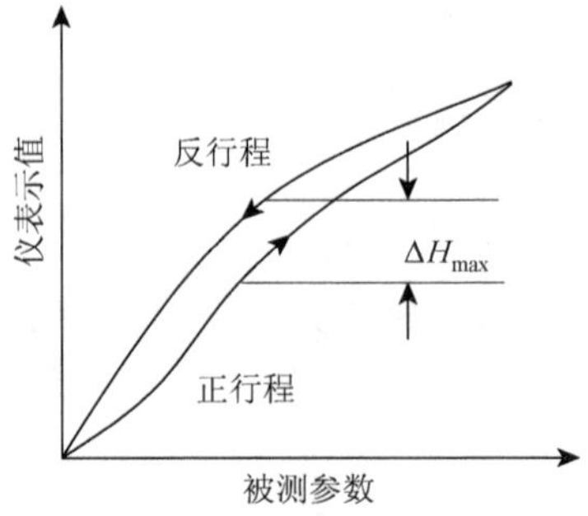

图 3.2　仪表的回差特性示意图

2. 回差

回差又称变差，用于表征测量仪表在正（输入量增大）、反（输入量减小）行程中，输入-输出关系曲线的偏差程度，回差示意图如图 3.2 所示。经常用在相同输入量下，正、反行程输出的最大差值 ΔH_{max} 与 Y_{FS} 的相对值表示，即

$$S_H = \frac{\Delta H_{max}}{Y_{FS}} \times 100\% \tag{3-6}$$

3.1.4　重复性与稳定度

1. 重复性

重复性表征了在相同条件下，输入量按同一方向做全量程多次变化时，所得特性曲线之间的一致程度。各条特性曲线越靠近，重复性越好，说明仪表的可靠程度越高。

2. 稳定度

稳定度是指测量仪表在相当长的时间内，保持其性能的能力。一般用室温下，经过某一规定时间后的输出与起始输出之间的差异表示。

3.1.5　反应时间

通常在测量发生突变时，仪表指示值总要经过一定的时间间隔才能做出相应的反应，这个时间间隔称为反应时间。反应时间表征了仪表对输入量的突变做出适当反应的能力，反应时间过长时，仪表往往不能及时显示输入量瞬时值的真实情况，产生较大误差。反应时间的长短实际上反映了仪表动态特性的优劣。

根据实际需求，可用不同的标准表示反应时间。例如，当输入量发生突变时，可用输出量由开始变化到新稳定值的 63.2%所需时间表示反应时间，也可用变化到新稳定值的 95%所用时间表示反应时间。

3.2　压力测量

实验室中常用的测量压力及压差的方法有两种，即液柱测压法和弹性变形测压法。

3.2.1　液柱测压法

液柱测压法是以流体静力学为基础的，一般采用充有水或水银等液体的玻璃 U 形管压差计、倒 U 形管压差计和单管压差计进行测量，其结构形式如图 3.3 所示。

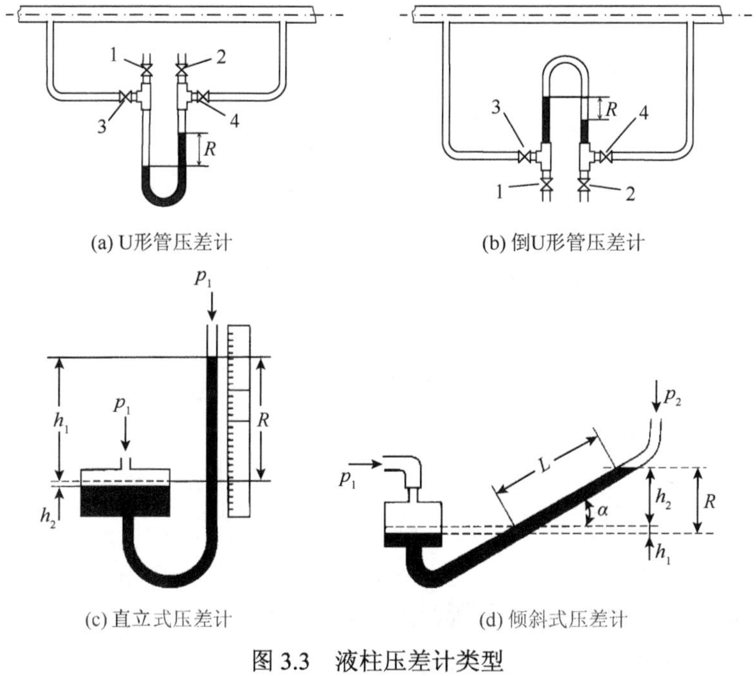

图 3.3　液柱压差计类型

图中 1～4 均为阀门

1. U 形管压差计

在图 3.3（a）所示的 U 形管压差计中，其两端连接两个测压点，由于两边压力不同，两边液面会产生高度差 R，根据读数 R，可依式（3-7）计算两点间的压差。

$$p_1 - p_2 = gR(\rho_0 - \rho) \tag{3-7}$$

式中：ρ——管路中液体密度，kg/m^3；

ρ_0——U 形管压差计中指示液密度，kg/m^3；

g——重力加速度，$9.81m/s^2$。

U 形管压差计的测量误差一般可达 2mm。

2. 倒 U 形管压差计

图 3.3（b）即为倒 U 形管压差计，该压差计指示液通常用水，适用于被测压差较小的场合，相应的压差计算公式为

$$p_1 - p_2 = gR(\rho_{水} - \rho_{空气}) \tag{3-8}$$

3. 单管压差计

单管压差计分直立和倾斜两种，分别如图 3.3（c）和（d）所示。用单管压差计可直接测出某处的表压。

直立式

$$p_{表} = \rho_0 gR \tag{3-9}$$

倾斜式

$$p_{表} = L\rho_0 g\sin\alpha \tag{3-10}$$

式中：ρ_0——指示液密度，kg/m^3；

α——斜管倾斜角。

测量时左边容器内指示液液位略有下降，要求准确时可进行修正。

直立式

$$p_{表} = \rho_0 gR\left[1 + \left(\frac{d}{D}\right)^2\right] \tag{3-11}$$

倾斜式

$$p_{表} = L\rho_0 g\left[\sin\alpha + \left(\frac{d}{D}\right)^2\right] \tag{3-12}$$

式中：R、L——容器内液位不下降时的读数，mm；

d——玻璃管内径，mm；

D——容器内径，mm。

单管压差计的测量误差可达 1mm。

4. 使用注意事项

使用 U 形管压差计时，要先充入水银（约至高度一半处）及被测液体（实验

中一般是水)，使用前应将气泡排出，排气时，首先开动水泵让水流经测压点所在的管路，打开 U 形管压差计顶端的两个小旋塞，使气泡与水流一起流出，排出的水流中不夹带气泡时，排气操作即可结束。如果打开旋塞后无水排出，表示测压点为负压，可增大或减小管内流速，使水和气泡排出。

倒 U 形管压差计［图 3.3（b)］的排气操作原理与 U 形管压差计相同，排气时，3、4 两个阀门要全开，排气完毕后，还要进行管内水位调整。如果水位过高（空气少)，可关 3、4 阀门，打开 1、2 阀门，排出部分水，吸入空气。如果空气过多，可关 3、2 阀门，打开 4、1 阀门，排出部分空气，直至水位合适为止。当玻璃管内有气泡时，可打开 3、4 阀门，然后将 1、2 阀门反复开关，玻璃管内水位就会随之升降，在此过程中气泡会上升而排出。

3.2.2　弹性变形测压法

弹性压力计测压的基本原理是：被测压力作用于弹性元件时，弹性元件产生相应的弹性形变，根据形变的大小便可计算被测压力的数值。

常用的弹性测压元件有波纹管、波纹膜、单圈和多圈弹簧管，其结构与特性见表 3.1。

表 3.1　弹性元件的结构与特性

类别	名称	示意图	测量范围/Pa		输出特性	动态特性	
			最小	最大		时间常数/s	自振频率/Hz
薄膜式	平薄膜	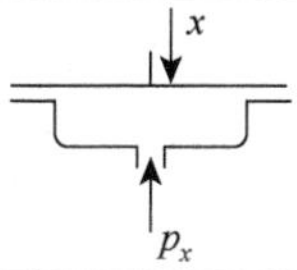	$0\sim10^4$	$0\sim10^8$	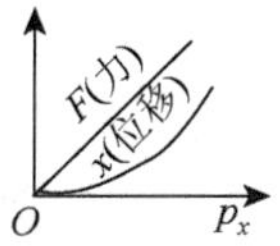	$10^{-5}\sim10^{-2}$	$10\sim10^4$
	波纹膜	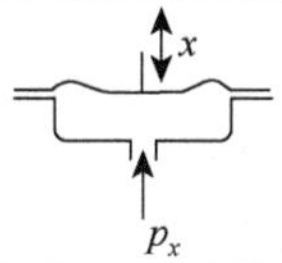	$0\sim1$	$0\sim10^6$	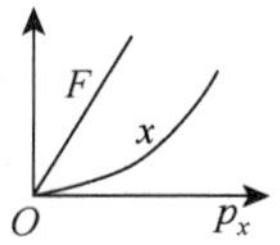	$10^{-2}\sim10^{-1}$	$10\sim10^2$
	挠性膜	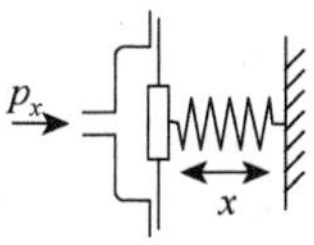	$0\sim10^{-2}$	$0\sim10^5$	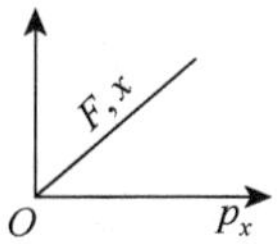	$10^{-2}\sim1$	$1\sim10^2$
波纹管式	波纹管	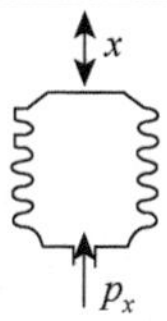	$0\sim1$	$0\sim10^6$	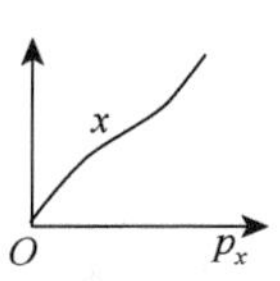	$10^{-2}\sim10^{-1}$	$10\sim10^2$

续表

类别	名称	示意图	测量范围/Pa		输出特性	动态特性	
			最小	最大		时间常数/s	自振频率/Hz
弹簧管式	单圈弹簧管	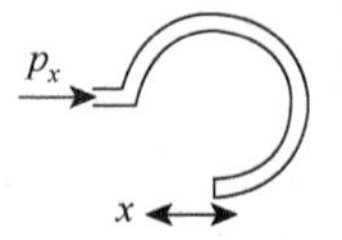	0～10^2	0～10^9	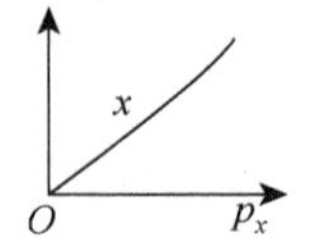	—	10^2～10^3
	多圈弹簧管	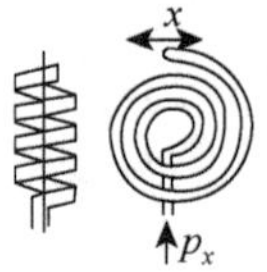	0～10	0～10^8	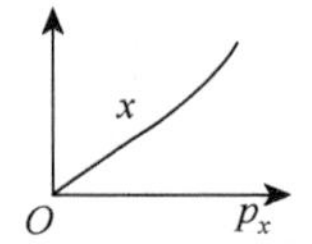	—	10～10^2

3.3 温 度 测 量

温度是化工生产和实验中既普遍又重要的操作参数。温度测量仪表种类繁多，本节主要介绍最常用的液体膨胀式温度计、电阻温度计和热电偶温度计的工作原理以及安装使用中的有关问题。

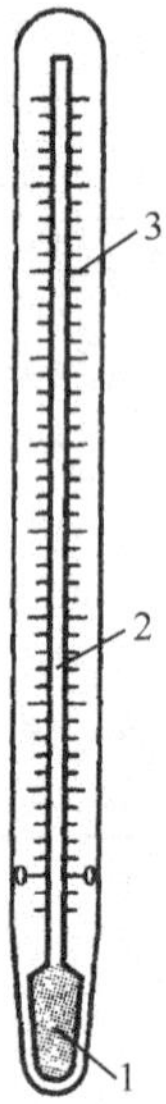

图 3.4　玻璃液体温度计

1. 玻璃温包；2. 毛细管；3. 刻度标尺

3.3.1　液体膨胀式温度计

玻璃液体温度计是最常见的液体膨胀式温度计，其结构如图 3.4 所示。它的测量原理就是应用了液体体积热胀冷缩的性质。液体的热膨胀程度可用式（3-13）表达。

$$V_{t2}-V_{t1}=V_{t0}(a-a')(t_2-t_1) \qquad (3\text{-}13)$$

式中：V_{t1}、V_{t2}——液体分别在 t_1 和 t_2 温度时的体积；

V_{t0}——同一液体在 0℃时的体积；

a——温度体积膨胀系数；

a'——盛液容器的体积膨胀系数。

使用玻璃温度计时应注意以下几个问题。

1. 露出柱的校正

大多数玻璃温度计都是全浸式的（温度计在进行刻度时，标准温度的介质浸至刻度示值处），使用时对被测介质也应浸至示值，如达不到此项要求，则应进行校正。

$$t_{真} = t_{示} + \Delta t \tag{3-14}$$

$$\Delta t = ah(t_{示} - t_{平}) \tag{3-15}$$

式中：$t_{真}$——被测流体真实温度，℃；

$t_{示}$——温度计示值，℃；

a——工作液体对玻璃的相对体积膨胀系数，工作液为水银时，a=0.000 16，工作液为酒精时，a=0.001 03；

h——液柱露出高度（以示值度为单位，取整），℃；

$t_{平}$——液柱露出部分所接触环境的平均温度（在露出柱中部测量），℃。

例 3.1　用 0.1℃精度的水银温度计测量蒸汽温度，测量时只有感温泡处在蒸汽中，室温 4℃，温度计示值为 105℃。试求蒸汽的真实温度。

解　$a = 0.00016$，$t_{示} = 105℃$，$h = 105℃$，$t_{平}=4℃$

$\Delta t = ah(t_{示} - t_{平}) = 0.00016 \times 105(105-4)℃ = 1.7℃$

$t_{真} = t_{示} + \Delta t = (105+1.7)℃ = 106.7℃$

由计算可见，虽然测量误差不大，但如不进行校正，就失去了使用高精度温度计的意义。本例中不进行校正，可使用精度为 1℃的普通温度计。

2. 避免温度计骤冷骤热

温度计不经预热立即插入热介质中，并突然从热介质中抽出，是常见的不正确使用方法，这种做法往往会使水银柱断开，引起感温泡晶粒变粗，零位变动过限而使温度计报废。

3.3.2　电阻温度计

电阻温度计利用测温元件的电阻值随温度改变的特性进行温度测量。热电阻的电阻值随温度变化的关系式为

$$R_t = R_0[1 + a(t - t_0)] \tag{3-16}$$

$$\Delta R_t = aR_0\Delta t \tag{3-17}$$

式中：R_t——t ℃时的电阻值；

a——电阻的平均温度系数；

R_0——0℃时的电阻值；

ΔR_t——电阻值变化量，$\Delta R_t = R_t - R_0$；

Δt——温度的变化量，$\Delta t = t - t_0$。

如上所述，温度的变化引起热电阻电阻值的变化，只要设法测出电阻值的变化，就可达到测温的目的。

热电阻一般用平均电阻温度系数较大的金属制成。例如，铜丝电阻温度计测温范围为–150～180℃，铂电阻温度计测温范围为–200～500℃。

电阻温度计的显示仪表有两种形式：不平衡电桥式显示仪和电子平衡电桥式显示仪。这两种仪表的结构和特性可参见有关书籍或仪表说明书。

3.3.3 热电偶温度计

1. 热电偶测温原理

将 A、B 两件不同的导体或半导体连接成图 3.5 所示的闭合回路，如果将它们的两个接点分别置于温度为 t 和 t_0 的热源中，在该回路中就会产生电动势，此种组合即为热电偶，所产生的现象称为热电效应。两个接点中，一个称为工作端（热端，t 端），另一点则为自由端（冷端，t_0 端）。如果能使冷端温度 t_0 固定，对一定的热电偶材料，其总电动势与热端温度 t 是单值函数关系，可用下式表示：

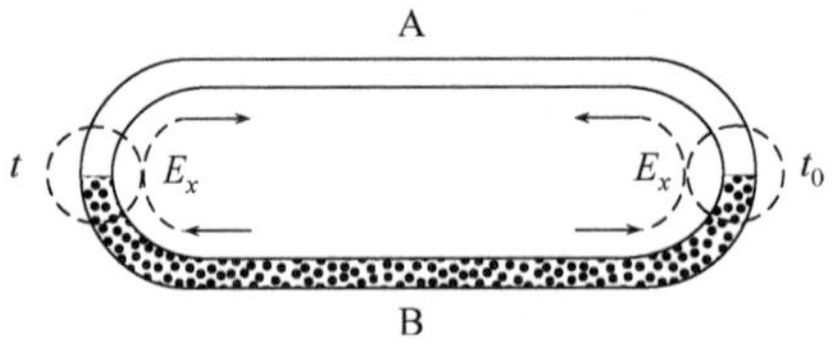

图 3.5　热电偶回路

$$E_x = a_0 + a_1 t + a_2 t^2 + \cdots + a_n t^n \quad (3\text{-}18)$$

式中：E_x——热电偶的总电动势；

t——热端温度，℃；

$a_0, a_1, a_2, \cdots, a_n$——常数，随热电偶性质不同有不同的值，由实验测定。

当冷端温度 t_0 不变时，只要测出热电势，就可求得被测温度 t。通常冷端温度取 0℃，这样，式（3-18）中的 $a_0=0$，如果测温范围不是太大，用 $n=2$ 的表达式已足够精确，则式（3-18）变为

$$E_x = a_1 t + a_2 t^2 \quad (3\text{-}19)$$

解方程得

$$t = \frac{-a_1 + \sqrt{a_1^2 + 4a_2 E_x}}{2a_2} \quad (3\text{-}20)$$

2. 热电偶温度计显示仪表

热电偶温度计常采用电位差计显示，其测量原理和天平相似，利用平衡法将被测电势与已知的标准电势进行比较。最简单的电位差计参见图 3.6，图中标准电阻 R 是已知的，流过 R 的电流大小可通过调节 R_J 使其成为一个固定值，这样 A、K 两点间的电势差 $E_x=IR_{AK}$。标准电阻 R 相当于天平的砝码，检流计 G 相当于天平的指针，当被测电势 E_x 接入线路后，G 有示值，可移动触头 K，直至 G 无示值为止。此时，$E_x=E_{AK}=IR_{AK}$，从而 E_x 与 R_{AK} 的值具有一一对应的关系。

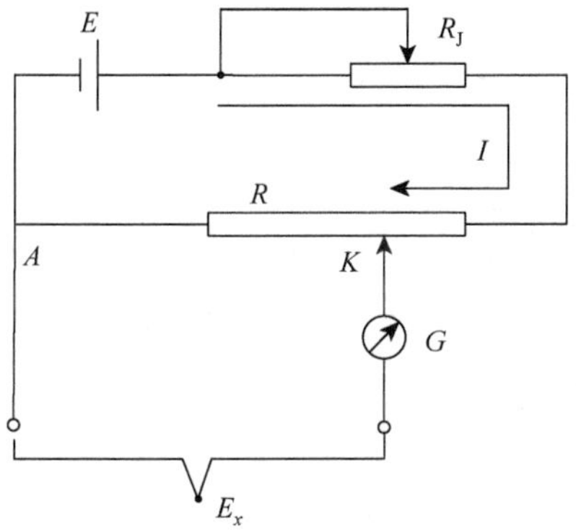

图 3.6　最简单的电位差计

3. 热电偶冷端的温度补偿

由热电偶测温原理可知，只有当冷端温度保持不变时，热电偶才是热端温度的单值函数，因此必须设法维持冷端温度恒定。为保持冷端温度的恒定可采用如下几种措施。

1）冰浴法

先将热电偶冷端放在盛有绝缘油的试管中，然后再将试管放入盛满冰水混合物的容器中，使冷端保持 0℃，通常的热电势-温度曲线都是在冷端温度为 0℃时测得的。

2）恒温槽测温法

将热电偶冷端放入恒温槽中，保持冷端温度固定在 t_0 温度。此时热电势可由式（3-21）计算。

$$E(0℃,t)=E(0℃,t_0)+E(t_0,t) \tag{3-21}$$

式中：$E(0℃,t)$——冷端温度为 0℃时的热电势；

$E(t_0,t)$——冷端温度为 t_0 时的热电势；

$E(0℃,t_0)$——从标准热电势-温度关系曲线中查得的 t_0 的热电势。

3）使用补偿导线法

若冷端距热端很近时，很难保证冷端温度不变。较好的解决方法是使用补偿导线让冷端远离热端，再进行恒温。可按图 3.7 所示方法在热电偶线路中接入适当的补偿导线。

一般要求补偿导线在 0～100℃的范围内与所连接的热电极具有相同的热电性能，且价格比较低廉。接入补偿导线时应注意检查极性（补偿导线的正极连接热电偶的正极）。确定补偿导线的长度时，应保证两根补偿导线的电阻与热电偶的电阻之和不超过仪表外电路电阻的规定值，热电偶和补偿导线连接处的温度不超过 100℃，否则由于热电特性不同将产生新的误差。另外还可以采用补偿电桥法维持冷端温度恒定，具体方法参见有关论著。

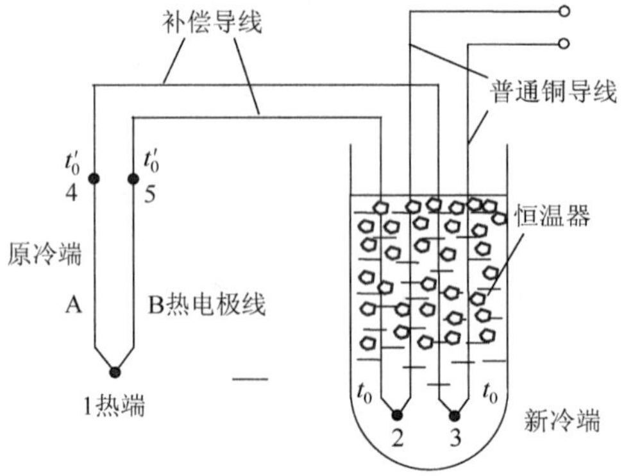

图 3.7　补偿导线的接法和作用图

图中 1～5 为导线连接点；A、B 为热电偶的两个不同导体

4. 热电偶的校验

热电偶的热端在使用过程中，由于受氧化、腐蚀、材料再结晶等因素的影响，其热电特性会发生改变，测量误差越来越大，因此热电偶必须定期进行校验，测出热电势变化的情况。当热电势变化超出规定的误差范围时，应更换热电偶丝，更换后必须重新进行校验才能使用。

根据国家规定的技术标准，各种热电偶必须在表 3.2 规定的温度点进行校验，各温度点的最大误差不能超过允许的误差范围。

表 3.2　常用热电偶校验温度点的允许偏差

型号	热电偶材料	校验点/℃	热电偶允许偏差			
			温度/℃	偏差/%	温度/℃	偏差/%
S	铂铑-铂	600 800 1000 1200	0～600	±2.4	＞600	±0.4
K	镍铬-镍硅（铝）	400 600 800 1000	0～400	±4	＞400	±0.75

3.4　流量测量

化工测量中常用的流量计有节流式流量计、转子流量计和涡轮流量计等。下面对各类流量计分别进行介绍。

3.4.1　节流式流量计

节流式流量计属恒收缩口变压头的流量计，包括孔板、喷嘴、文丘里管等。

流体流经节流元件时，流体流速变化，产生压差变化，流量越大，压差变化越大，因而可用压差的大小指示流量。

1. 流量基本方程

由连续性方程和伯努利方程可以导出，通过流量计的流量和压差的关系方程，此方程称为流量基本方程，具体形式如下：

$$V_s = CA_0\sqrt{\frac{2}{\rho}(p_1 - p_2)} \tag{3-22}$$

式中：V_s——流体流量，m^3/s；

p_1、p_2——节流孔上、下侧的压力，Pa；

ρ——流体密度，kg/m^3；

C——流量系数；

A_0——节流孔开孔面积，m^2。

式（3-22）适用于不可压缩流体，对可压缩流体可在式（3-22）右边乘以被测流体膨胀校正系数 ε。

流量系数一般要用实验测定，但对标准节流元件有确定的数据可查，不必进行测定。

2. 流量系数与雷诺数 Re_D 的关系

流量系数可分为实际流量系数 C 和原始流量系数 C_0。式（3-22）中的流量系数是实际流量系数，一般 C 和 C_0 两者数值不同，但随 Re_D（管路雷诺数）的变化规律相似。C 和 C_0 的关系为

标准孔板

$$C = C_0k_1k_2k_3 \tag{3-23}$$

其他标准节流件

$$C = C_0k_1k_2 \tag{3-24}$$

式中：k_1——黏度校正系数；

k_2——管壁粗糙度校正系数；

k_3——孔板入口边缘不尖锐程度的校正系数。

k_1、k_2、k_3 的数值可从有关专著中查到。

影响原始流量系数 C_0 的因素较多，当节流元件结构、尺寸、取压方式、管壁、粗糙度均一定时，原始流量系数 $C_0=f(Re_D, m)$。其中，$m=A_0/A$，为直径比。对几何相似的节流装置，m 一定。C_0 仅随雷诺数 Re_D 变化，即 $C_0=f(Re_D)$。

图 3.8 给出了几种标准节流元件的 C_0 与 Re_D 的关系图。图中曲线以 m 作为参变量。由图可见，当 Re_D 大于某一值后，C_0 基本不随 Re_D 变化，趋向于一个常数。

选择合理的流量计，C_0 值应为常数，确定 C_0 值后，再根据式（3-23）或式（3-24）得出流量系数 C，进而可用式（3-22）计算流量。

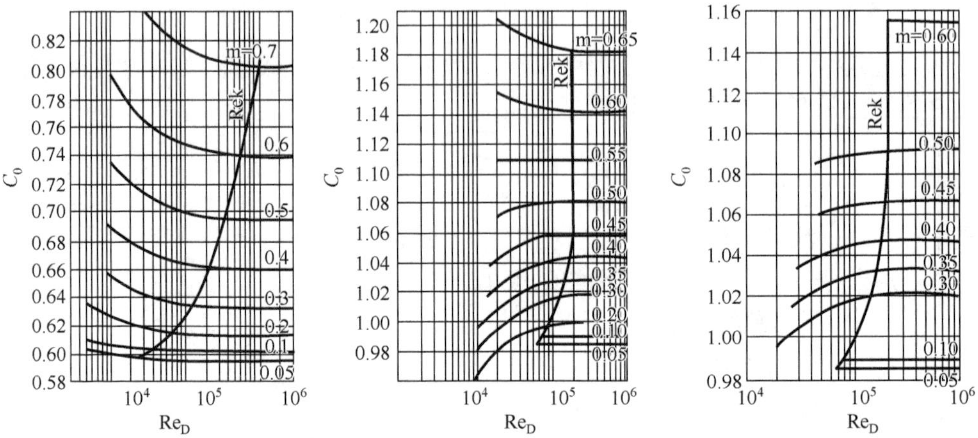

(a) 标准孔板　　(b) 标准喷嘴　　(c) 标准文丘里管

图 3.8　标准流量装置的原始流量系数与雷诺数关系图

3. 使用节流式流量计应注意的问题

常用的节流元件有孔板、喷嘴、文丘里管。孔板的特点是结构简单，易加工，造价低，但能耗大。喷嘴的能耗小于孔板，但比文丘里管大，比较适用于腐蚀性大和不洁净流体的测量。文丘里管的能耗最小，基本不存在永久压降，但制造工艺复杂，成本高。

使用节流式流量计测量流量时，影响流动形态、速率分布和能量损失的各种因素都会对流量与压差的关系产生影响，从而导致测量误差，因此使用时必须注意以下有关的问题。

（1）流体必须是牛顿型流体，以单相形式存在，且流经节流元件时不发生形变。

（2）节流元件应安装在水平管道上。

（3）流体在节流元件前后必须充满整个管道截面。

（4）节流元件前后应有足够长的直管段作为稳定段，一般上游直管段长度为（30～50）d（管内径），下游直管段大于 $10d$。在稳定段中不能安装各种管件阀件和测压、测温等测量装置。

（5）注意节流元件的安装方向，使用孔板时，应使锐孔朝向上游；使用喷嘴时，喇叭形曲面应朝向上游；使用文丘里管时，较短的渐缩管应装在上游。

（6）取压口、导压管和压差测量对流量测量精度影响很大，有关问题可参见压差测量部分。

（7）当被测流体密度与标准流体密度不同时，应对流量与压差的关系进行校正。

3.4.2　转子流量计

转子流量计属于变收缩口、恒压头的流量计，是通过改变流通面积来指示流量的。其具有结构简单、读数直观、测量范围大、使用方便、价格便宜等优点，被广泛应用于化工实验和生产中。

1. 结构形式和工作原理

转子流量计的测量部分由一个垂直放置的倒锥形的玻璃管和转子（浮子）组成，如图 3.9 所示。被测流体自下而上通过锥形管，作用于转子上的垂直向上的推力大于浸在流体中转子的重力时，转子上浮，转子与锥形管内壁间的环隙面积增大，使流速下降，作用于转子上的垂直向上的推力也随之下降，直至推力等于转子的重力时，转子便能稳定在某一高度上，即 $(p_1 - p_2)A_f = V_f\rho_f g$。转子的平衡高度与流量大小呈一一对应的关系，直接可从锥管刻度读出测量值。

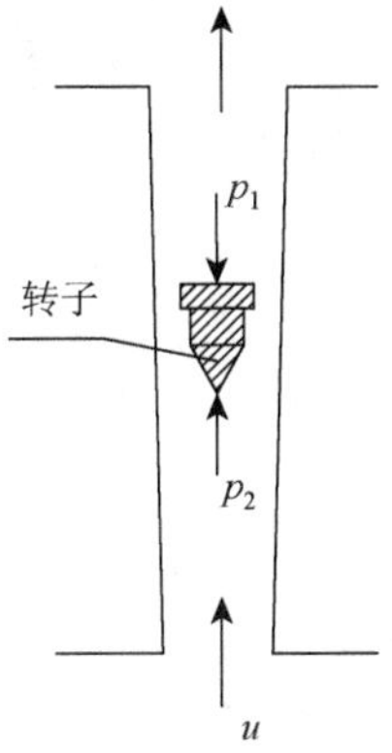

图 3.9　转子流量计示意图

转子的流量方程为

$$V = CA_0\sqrt{\frac{2g}{\rho} \times \frac{V_f(\rho_f - \rho)}{A_f}} \tag{3-25}$$

式中：ρ_f、V_f、A_f——转子密度、转子面积、与转子在垂直方向上的投影面积；

ρ——被测流体的密度；

A_0——平衡位置的环隙面积；

C——流量系数，设计合理的转子流量计流量系数也应为常数。

2. 换算与修正

转子流量计的刻度是生产厂家进行标定的，其标定条件见表 3.3。

表 3.3　转子流量计标定条件

流量计种类	标定介质	温度/℃	压力/mmHg
气体转子流量计	空气	20	760
液体转子流量计	水	20	760

用转子流量计测量时，如果测量条件与标定条件不符，应进行刻度换算。

对液体

$$V_{实} = V_{标}\sqrt{\frac{\rho_{水}(\rho_f - \rho)}{\rho(\rho_f - \rho_{水})}} \tag{3-26}$$

式中：$V_{实}$——被测流体实际流量；

$V_{标}$——转子平衡时所示流量（标定流体的流量）；

$\rho_{水}$——标定条件下水的密度；

ρ——被测流体密度。

对气体

$$V_2 = V_1\sqrt{\frac{\rho_1}{\rho_2}} = V_1\sqrt{\frac{p_1T_2}{p_2T_1}} \tag{3-27}$$

式中：V_2、ρ_2、p_2、T_2——被测气体在测量状态下的体积流量、密度、压力（绝压）、温度（K）；

V_1、ρ_1、p_1、T_1——标定状态下，空气的体积流量、密度、压力（绝压）、温度（K）。

同一转子流量计更换转子材料（转子几何形状不变），其流量可用式（3-28）修正。

$$V_{G2} = V_{G1}\sqrt{\frac{G_2 - V_f\rho}{G_1 - V_f\rho}} \tag{3-28}$$

式中：V_{G1}——转子质量为 G_1 的实际流量；

V_{G2}——转子质量为 G_2 时，同一刻度表的流量；

V_f——转子体积。

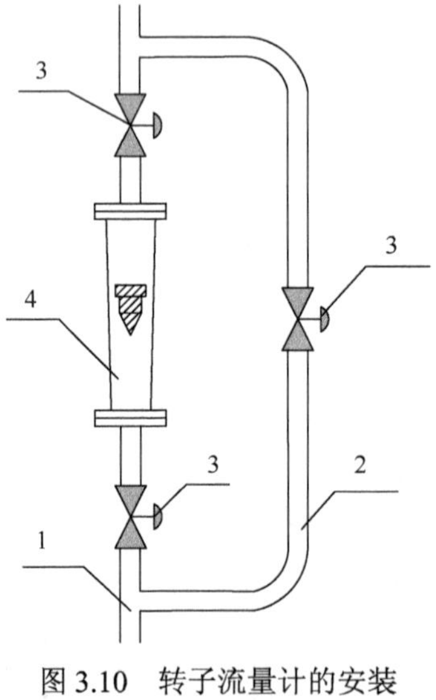

图 3.10　转子流量计的安装

1. 主管道；2. 分管道；3. 阀门；4. 流量计

3. 安装使用应注意的问题

（1）转子流量计必须垂直安装在无振动的管道中，且流体应从下部进入。

（2）转子流量计前的直管段应不少于 5D（D 为流量计直径）。

（3）为便于维修应安装支路，如图 3.10 所示。

（4）转子流量计使用时，应缓慢开闭阀门，以免流体冲力过猛，损坏锥管或将转子卡住。

（5）转子上附有污垢后，转子质量、环隙通道面积都会发生变化，从而引起测量误差，因此要经常清洗转子和锥形管。

（6）选用转子流量计时，应使其正常测量值在测量上限的 1/3～2/3 刻度范围内。

3.4.3　涡轮流量计

1. 原理和特点

涡轮流量计是依据动量矩守恒原理设计的，涡轮叶片受流动流体的冲击而旋转，转速与流量呈一一对应关系，通过磁电转换装置，将转速转换成电脉冲信号，通过测量脉冲频率可将脉冲转换成电压或电流输出测取流量。

涡轮流量计的特点是能远距离传送，准确度高（可达 0.2～0.5 级），压力损失小，量程宽（最大流量与最小流量之比为 10∶1），反应快，耐高压，体积小，其应用越来越广泛。

2. 涡轮流量计的结构

涡轮流量计又称涡轮流量传感器，由涡轮、磁电转换装置和前置放大器三部分组成。按构造可分为切线型和轴流型，图 3.11 是轴流型的涡轮流量计。

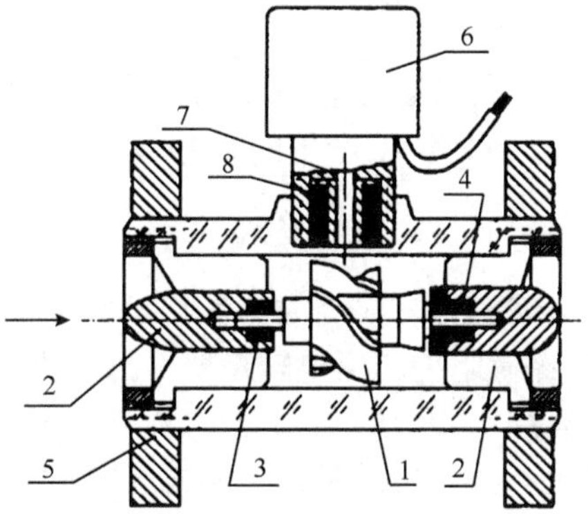

图 3.11　涡轮流量变送器

1. 涡轮叶片；2. 导流器；3. 石墨轴承；4. 止推石墨轴承；5. 金属法兰；6. 前置放大器；7. 永久磁铁；8. 线圈

涡轮由导磁不锈钢材料制成，前后装有导流器，用来消除旋涡，对流体起整流作用。磁电转换装置由永久磁钢和线圈组成。为了增大传送距离和避免信号因干扰而难以识别，信号先经前置放大器放大后再输出。

3. 涡轮流量计的特性曲线

涡轮流量计的特性曲线有两种。

（1）ξ-Q 线，即流量系数与体积流量 Q 的关系曲线，如图 3.12（a）所示。

（2）f-Q 线，即脉冲信号的频率与体积流量 Q 的关系曲线，如图 3.12（b）所示。

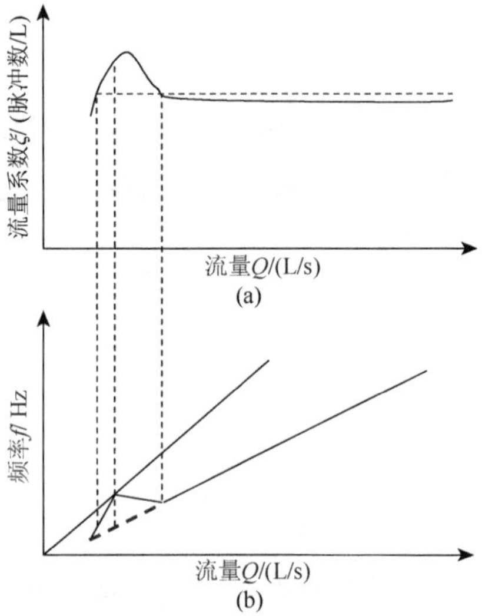

图 3.12　涡轮流量计的特性曲线

流量系数 ξ 表示流过单位体积流体对应的信号脉冲数，其单位为脉冲数/L。频率 f 表示在单位时间由于流体流动产生的脉冲数，因此

$$Q = f/\xi \tag{3-29}$$

一般情况下，流量系数应为常数，故流量与频率应成正比例关系。但在小流量范围内，轴承中的机械摩擦阻力和磁电转换器中的电磁反应阻力矩影响较大，使得流量系数不为常数，流量达到一定值时，流量系数才趋向于常数，如图 3.12（a）所示，因此仅当流量达到一定值后，流量与频率才具有正比例对应关系。生产厂家给出的流量系数是测量范围内的平均值，是用水（或空气）作为工作介质进行标定的，该系数只适用于与水（空气）黏度相接近的流体，黏度相差较大时，应重新标定流量系数。

4. 安装使用应注意的问题

（1）应根据被测流体的物理性质、腐蚀性和清洁程度，选用合适的流量计类型。

（2）使用时必须水平安装，否则将引起流量系数发生变化。
（3）被测流体的流动方向要与流量计所标箭头一致。
（4）流量计的工作点一般应在仪表测量范围上限值的 50%以上。
（5）流量计前应加装滤网，防止杂物进入流量计使流量计损坏。
（6）流量计前后应分别留出 15d（管径）和 5d 以上的直管段。
（7）根据流体密度和黏度考虑是否对流量计的特性进行修正。

第 4 章　基础实验

实验 4.1　流体流动阻力测定实验

一、实验目的

（1）掌握直管摩擦阻力引起的压力降 Δp_f、摩擦系数 λ 的测定方法。

（2）熟知摩擦系数 λ 与雷诺数 Re 之间的关系及变化规律。

（3）了解流体流经闸阀等管件时的局部阻力系数 ξ 的测定。

（4）学会压差计和流量计的使用方法。

二、实验内容

（1）测定流体流经直管（光滑管、粗糙管）时的阻力损失和摩擦系数及关系曲线。

（2）测定流体流经闸阀等时的局部阻力系数。

三、实验原理

流体在管内流动时，由于黏性剪应力和涡流的存在，不可避免地要消耗一定的机械能，这种机械能的消耗包括流体流经直管的沿程阻力和流体流经管件、阀件时的局部阻力。

1. 沿程阻力（直管阻力）

流体在水平均匀管道中稳定流动时，阻力损失表现为压力降低，即

$$w_f = \frac{\Delta p_f}{\rho} = \lambda \frac{l}{d}\frac{u^2}{2} \tag{4-1}$$

$$\lambda = f\left(\frac{du\rho}{\mu}, \frac{\varepsilon}{d}\right) \tag{4-2}$$

式中：Δp_f——压降，Pa；

w_f——直管阻力损失，J/kg；

ρ——流体密度，kg/m^3；

l——直管长度，m；

d——直管内径，m；

u——流体流速，m/s；

μ——流体黏度，Pa·s；

λ——摩擦系数，层流时，λ=64/Re；湍流时，λ 是雷诺数 Re 和相对粗糙度的函数，需由实验确定。

2. 局部阻力

局部阻力通常有两种表示方法，即当量长度法和阻力系数法。

1）当量长度法

流体流经管件或阀件时的局部阻力可以折合成管径相同、长度为 l_e 的直管阻力损失，即

$$w_f' = \lambda \frac{l_e}{d}\frac{u^2}{2} \tag{4-3}$$

式中：l_e——管件或阀件的当量长度。

2）阻力系数法

流体流经管件或阀件时的局部阻力，可用动能的倍数来表示，此种方法称为阻力系数法，即

$$w_f' = \zeta \frac{u^2}{2} \tag{4-4}$$

式中：ζ——局部阻力系数。

3. Re、λ、ζ 的测定

本实验在管壁粗糙度、管长、管径一定的条件下，用水做实验。在等温条件下，雷诺数 $\mathrm{Re} = \dfrac{du\rho}{\mu} = Au$，其中 A 为常数，因此只要改变水的流量，测得一系列流量下的 Δp 值，将已知尺寸、有关物性数据和所测数据代入上式以及式（4-3）和式（4-4），分别求出 Re、λ、ζ。

四、实验装置

实验装置为自控型多功能设备，主要由离心泵，三根不同管径、材质的管子，各种阀门或管件，涡轮流量计，倒 U 形管压差计等组成。可单独进行流体流动阻力测定和离心泵特性曲线测定两个单项实验，也可进行流体流动阻力及离心泵联合实验。其中光滑管和粗糙管用于直管阻力的测定，另一根不锈钢管上装有闸阀，用于局部阻力的测定。流量用涡轮流量计测量，阻力分别用倒 U 形管压差计测量。

电机：三相异步电机；型号 Y90S-2；功率 1.5kW；转速 2840r/min；效率 0.89。

功率表：三相有功功率表。

表 4.1 实验装置结构尺寸

名称	管子材质	管内径/mm	测压点间距/m
光滑直管	不锈钢食品管	29	1.50
粗糙直管	镀锌铁管	28	1.50
闸阀	不锈钢管	28	0.20

表 4.2 离心泵结构尺寸

离心泵型号	进口管内径/mm	出口管内径/mm	h_0/mm
$1\frac{1}{2}IT-6$	42	39	180

五、实验步骤

（1）关闭图 4.1 装置中的所有阀门，打开放水阀与灌水阀，给水泵灌引水，灌好水后关闭放水阀与灌水阀。

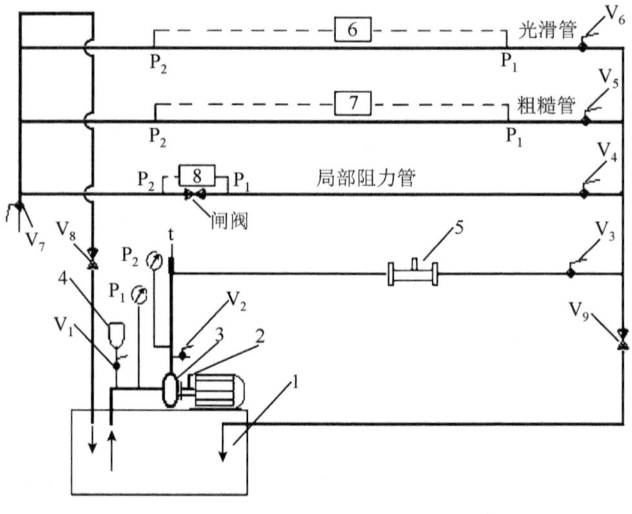

图 4.1 离心泵、阻力实验装置流程图

1. 循环水箱；2. 转速传感器；3. 离心泵；4. 泵灌水口；5. 涡轮流量计；6、7、8. 倒 U 形管压差计；V_1. 灌水阀；V_2. 灌水排气阀；V_3. 流量校正阀；V_4、V_5、V_6. 局部阻力、粗糙管、光滑管支路控制阀；V_7. 排污阀；V_8. 阻力测定流量调节阀；V_9. 离心泵流量调节阀；P_1. 压力表、压力传感器；P_2. 真空表、真空度传感器；t. 温度计

（2）打开总电源开关、仪表电源开关，启动离心泵。

（3）使用倒U形管压差计给待测定系统排气并检查是否漏气。

倒U形管压差计使用方法如下：

该种倒U形管压差计内充空气，以待测液体为指示液，一般用于测量液体小压差的场合。倒U形管压差计示意图如图4.2所示。

首先确保其他管路上的倒U形管压差计的高压侧阀1、低压侧阀2关闭，并关闭阻力测定流量调节阀 V_8（图4.1），使待测系统内的水经倒U形管压差计出水活栓5排出，以达到系统排气并检查漏气。

倒U形管压差计操作步骤参照图4.2。

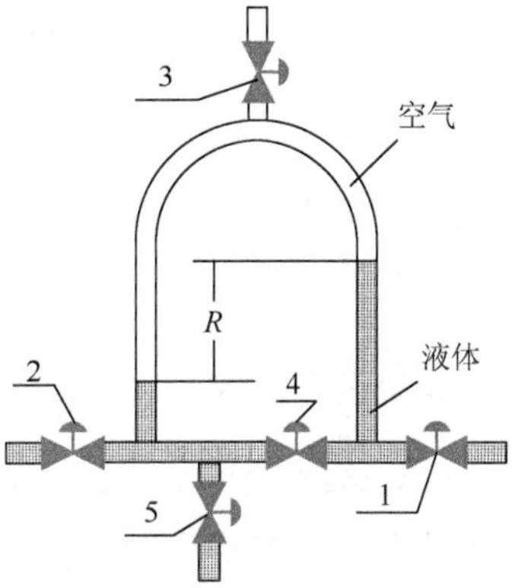

图4.2 倒U形管压差计测压示意图

1. 高压侧阀；2. 低压侧阀；3. 进气阀；4. 平衡阀；5. 出水活栓

①待测阻力管及倒U形管压差计排气。

先关闭阀门3、4，开阀门1、2、5。使待测阻力管高压侧水（P_1）经过压差计阀1、倒U形管压差计玻璃管、出水活栓5排出，待测阻力管低压侧水（P_2）经过压差计阀2、出水活栓5排出。

②倒U形管压差计放水进气。

先关闭阀门1、2，开阀门3、4、5。

③倒U形管压差计进水并检查是否漏气。

先关闭阀门3、5，开阀门1、2、4，倒U形管压差计不漏气，玻璃管内液位应在同一水平面上。

④连通待测阻力管并检查其是否漏气。

其他阀门不动，关闭阀门4，待测阻力管不漏气，玻璃管内液位仍在同一水平面上。

（4）缓缓打开出水阀 V_8（图4.1）至全开，确定最大流量。在流量区间平均取10个流量点进行实验，测取不同流量下的压差等有关参数。

（5）做完光滑管实验后，关闭该管路进口阀 V_6，并关闭压差计高压侧阀1、低压侧阀2。

（6）重复上述操作，可分别进行粗糙管及局部阻力实验。

（7）测量局部阻力系数时，各测取3组数据，对于直管，测取10组左右的数据。

（8）实验结束后，应将装置中的水排放干净，并清理实验现场。

六、操作注意事项

（1）实验测定前，待测阻力管路及倒 U 形管压差计要排气，并检查是否漏气。

（2）调节流量要慢、稳、准，以减小流体扰动破坏层流内层。

（3）为了避免传感器进水而损坏，应缓慢打开流量调节阀。

（4）操作过程中，每调节一个流量，均需等到流量和压差的数据稳定以后方可记录数据。

七、实验报告内容

（1）根据粗糙管实验结果，在双对数坐标纸上标绘出 λ-Re 曲线，对照化工原理教材上有关图形，即可估出该管的相对粗糙度和绝对粗糙度。

（2）根据光滑管实验结果，对照布拉休斯方程，计算其误差。

（3）根据局部阻力实验结果，求出闸阀全开时的平均 ζ 值。

（4）对实验结果进行分析讨论。

八、思考题

（1）倒 U 形管压差计排气时，是否一定要关闭图 4.1 中的阀门 V_8（阻力测定流量调节阀）？为什么？

（2）如何检验测试系统内的空气已经被排除干净？

（3）如果要增加雷诺数的范围，可采取哪些措施？

（4）在不同设备上（包括不同管径）、不同水温下测定的 λ-Re 数据能否关联在同一条曲线上？

（5）如果测压口、孔边缘有毛刺或安装不垂直，对静压的测量有何影响？

（6）以水作介质所测得的 λ-Re 关系能否适用于其他流体？如何应用？

表 4.3　实验 4.1 原始数据记录表

实验装置号________　水温 t=________(℃)　管长 l=________(m)　管径 d=________(mm)

涡轮流量计系数 ξ=________（脉冲数/L）

序号	流量计示值 f/Hz	光滑管倒 U 形管压差计示值/mmH_2O		流量计示值 f/Hz	粗糙管倒 U 形管压差计示值/mmH_2O		流量计示值 f/Hz	局部阻力管倒 U 形管压差计示值/mmH_2O	
		$h_{左}$	$h_{右}$		$h_{左}$	$h_{右}$		$h_{左}$	$h_{右}$
1 2 3 ⋮									

表 4.4　实验 4.1 数据计算结果表

密度 ρ=________（kg/m^3）　黏度 μ=________（Pa • s）

序号	流速 /(m/s)	光滑管			流速 /(m/s)	粗糙管			流速 /(m/s)	局部阻力管		
		Δp_1 /Pa	Re_1	λ_1		Δp_2 /Pa	Re_2	λ_2		Δp_3 /Pa	Re_3	ζ
1 2 3 ⋮												

实验 4.2　离心泵特性曲线测定实验

一、实验目的

（1）熟悉离心泵的结构与操作方法，了解常用的测压仪表。

（2）掌握离心泵特性曲线的测定方法，深化对离心泵特性的理解。

二、实验内容

（1）熟悉离心泵的结构与操作。

（2）测定离心泵在一定转速下的特性曲线。

三、实验原理

离心泵是一种液体输送机械，主要性能参数有扬程、流量、功率和效率。在一定的转速下，离心泵的扬程 H_e、功率 $N_{轴}$、效率 η 均随流量 Q 的大小改变，因此泵的特性是由 $H_e=f(Q)$、$N_{轴}=g(Q)$、$\eta=G(Q)$三条曲线决定的。离心泵的特性曲线是选择和使用离心泵的重要依据。由于泵内部流动情况复杂，难以用数学方法确定特性曲线，只能依靠实验测定。

1. 流量 Q 的测定

本实验用涡轮流量计测取流量，测定时，从仪表显示仪上读取频率 f(Hz)，利用式（4-5）计算体积流量 $Q(m^3/s)$，即

$$Q = f / \xi \tag{4-5}$$

式中：f——脉冲频率，Hz；

ξ——涡轮流量计系数，脉冲数/L。

2. 扬程的确定

扬程 H_e 可用式（4-6）计算。

$$H_e = H_{表} + H_{真} + h_0 + \frac{u_0^2 - u_1^2}{2g} \tag{4-6}$$

式中：H_e——泵的扬程，m；
$H_{表}$——压力表测得的表压，m；
$H_{真}$——真空表测得的真空度，m；
h_0——压力表和真空表中心的垂直距离，m；
u_0——泵的出口管内流体的速率，m/s；
u_1——泵的进口管内流体的速率，m/s。

3. 泵轴功率 $N_{轴}$ 的计算

泵轴功率 $N_{轴}$ 可用式（4-7）计算。

$$N_{轴} = N_{电出} = W \times \eta_{电} \tag{4-7}$$

式中：$N_{电出}$——电机输出功率，kW；
W——功率表读数，$W = N_{电入}$，kW；
$\eta_{电}$——电机效率；
$N_{电入}$——电机输入功率，kW。

由式（4-7）可知，测定泵的轴功率，只需测定电机的输入功率，再乘以功率转换中的效率即可。

4. 泵效率 η 的计算

泵效率 η 的定义为

$$\eta = \frac{N_e}{N_{轴}} \tag{4-8}$$

式中：N_e——有效功率（单位时间内流体自泵得到的功），kW；
$N_{轴}$——轴功率（单位时间内泵从电机得到的功），kW。

$$N_e = \frac{H_e Q \rho}{102} \tag{4-9}$$

式中：ρ——被输送液体的密度，kg/m^3；
H_e——泵的扬程，m；
Q——离心泵的流量，m^3/s。

5. 转速 n 改变时的换算

泵的特性曲线是在指定转速下的数据，就是说在某一特性曲线上的一切实验点，其转速都是相同的。但实际上感应电动机在转矩改变时，其转速会有变化，这样随着流量的变化，多个实验点的转速将有所差异，因此在绘制特性曲线之前，必须将实测数据换算为平均转速 n_1=2900r/min 下的数据。效率基本不变时，换算关系如下：

流量

$$Q_1 = Q\frac{n_1}{n} \tag{4-10}$$

扬程

$$H_{e1} = H_e\left(\frac{n_1}{n}\right)^2 \tag{4-11}$$

轴功率

$$N_{轴1} = N_{轴}\left(\frac{n_1}{n}\right)^3 \tag{4-12}$$

四、实验装置

离心泵特性曲线测定流程图如图 4.3 所示。本装置可进行离心泵特性曲线及阻力的测定（阻力管路流程略）。水箱内的水自泵的吸入口进入离心泵，在泵壳内

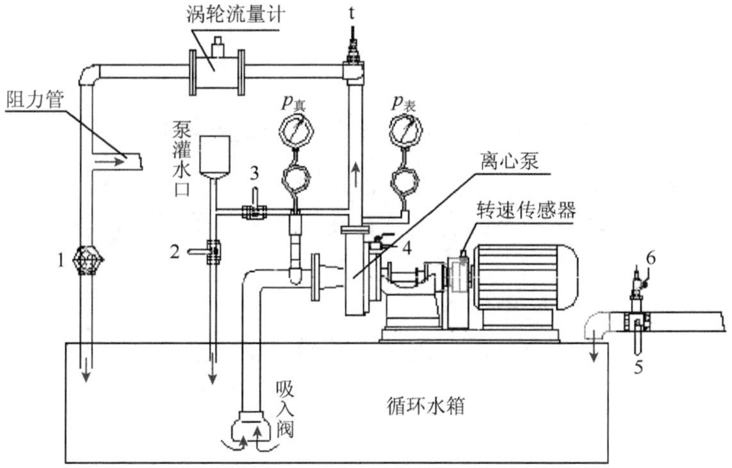

图 4.3 离心泵实验装置流程图

1. 离心泵流量调节阀；2. 排水阀；3. 泵灌引水阀；4. 排气阀；5. 阻力管出口阀；6. 阻力管排气阀；t. 温度计

获得能量后，送入管路测量系统，由出口排出至水箱。在泵的吸入口和压出口处，分别装有真空表和压力表。泵的出口管线装有涡轮流量计及调节阀门，用来调节水的流量或管内压力。

涡轮流量计：型号 LW-25；精度 0.5 级；量程 1.6～10m^3/h。

三相异步电机：型号 Y90S-2；功率 1.5kW；转速 2840r/min；效率 $\eta_电$=0.89。

单相有功功率表：型号 DP3（1）-W1100；精度±0.5%；功率表读数为 W×3。

表 4.5　实验装置结构尺寸

离心泵型号	进口管径/mm	出口管径/mm	h_0/mm
$1\frac{1}{2}BL-6$	Φ40	Φ25	80 或 150

五、实验步骤

（1）关闭功率表及所有阀门，开启引水阀 3、排气阀 4，排气结束，关闭阀 3、阀 4。

（2）启动离心泵，判断是否正常运转（有无异常声音、无转动、反转等），正常后，打开功率表开关。

（3）开启流量调节阀 1 至最大，在最大流量到零范围内合理分割，合理确定流量取值，测取 10 组数据。由阀 1 调节流量，每次调节待流量稳定后，读取各组实验数据。

（4）实验结束，装置恢复原状，并清理实验场地。

六、操作注意事项

（1）**由于采用机械密封装置，泵内无水时，禁止启动泵**。

（2）启动离心泵之前，一定要检查各处阀门。

（3）流体在管路输送中不应有气体存在，要先排尽气体，以使流体能够连续流动。

（4）离心泵不要长时间空转。

（5）流量改变由零逐渐到最大值时，要慢、稳、准，以减少流体扰动对涡轮流量计的影响。

七、实验报告内容

（1）将整理后的实验数据换算为平均转速 n_1=2900r/min 下的数据。

（2）将计算后的数据列入计算结果表，并且以一组数据为例，列出计算过程。

（3）在坐标纸上绘出所测定的离心泵特性曲线，图中要标明泵的型号、指定转速。

八、思考题

（1）离心泵启动前为什么必须灌水排气？

（2）由实验数据分析，离心泵为什么要在出口阀关闭的情况下启动？

（3）测定泵的 Q-η 曲线时，实验点应如何分配？

（4）由实验得知，泵的流量越大，泵进口处真空表读数越大，为什么？

（5）若泵的吸入管路部分堵塞，可能出现什么现象？

（6）若实验中输送密度为 1100kg/m^3 的盐水（黏度与水相似），在相同的流量下，泵的扬程和功率是否改变？为什么？

表 4.6　实验 4.2 原始数据记录表

实验装置号______　水温 t=______(℃)　进口管径 d_1=______(m)　出口管径 d_2=______(mm)

涡轮流量计系数 ξ=________（脉冲数/L）　功率表读数________×3　h_0=________(mm)

序号	流量计示值 f /Hz	功率 W /kW	真空 $p_{真}$ /MPa	压力 $p_{表}$ /MPa	转速 n /(r/min)
1 2 3 ⋮					

表 4.7　实验 4.2 数据计算结果表

泵型号________________　流体密度 ρ=________(kg/m³)

铭牌参数：流量________(m³/s)　扬程________(m)　效率________　功率________(kW)

序号	实测值				换算到 n_1=2900r/min			
	Q /(m³/s)	n /(r/min)	H_e /m	$N_{轴}$ /kW	Q_1 /(m³/s)	H_{e1} /m	$N_{轴1}$ /kW	η /%
1 2 3 ⋮								

实验 4.3　过滤常数测定实验

一、实验目的

（1）了解板框过滤机的构造、工作原理及操作方法。

（2）掌握恒压过滤的过滤常数 K 及虚拟参数的测定方法。

（3）掌握操作条件（压差）对过滤常数的影响规律。

（4）了解洗涤速率与最终过滤速率的关系。

（5）测定压缩性指数 s 及物料特性常数 k（选做）。

二、实验内容

（1）分别测定一定悬浮液在几个不同压力差下的过滤常数 K、q_e、θ_e，并求出滤饼的压缩性指数 s 及物料特性常数 k。

（2）测定洗涤速率与最终过滤速率的关系。

三、实验原理

过滤是在压力差的作用下，使液体通过介质而将悬浮液中固体微粒截留在介质上，而达到液固分离的过程。恒压过滤中，推动力 Δp 不变，但滤饼层厚度不断增加，过滤阻力不断增加，使得过滤速率不断降低，过滤速率的定义为

$$u = \frac{\mathrm{d}V}{A\mathrm{d}\theta} = \frac{\mathrm{d}q}{\mathrm{d}\theta} \tag{4-13}$$

式中：A——过滤面积，m^2；

θ——过滤时间，s；

V——在 θ 时间内得到的滤液量，m^3；

恒压过滤时，过滤速率 $\frac{\mathrm{d}q}{\mathrm{d}\theta}$ 与过滤时间 θ 之间的关系如图 4.4 所示。单位面积的累计过滤量 q 和 θ 的关系如图 4.5 所示。

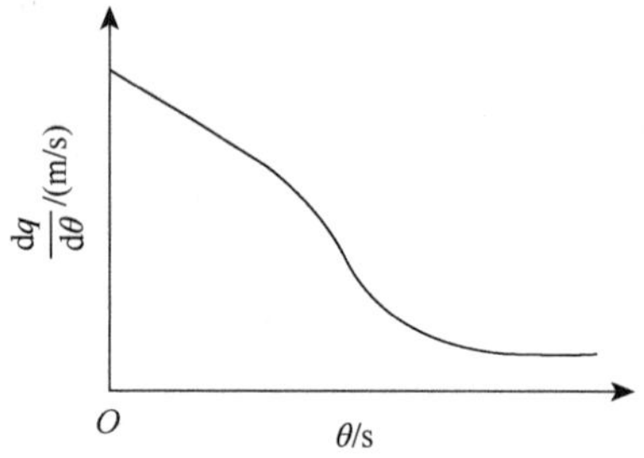

图 4.4　过滤速率-时间曲线

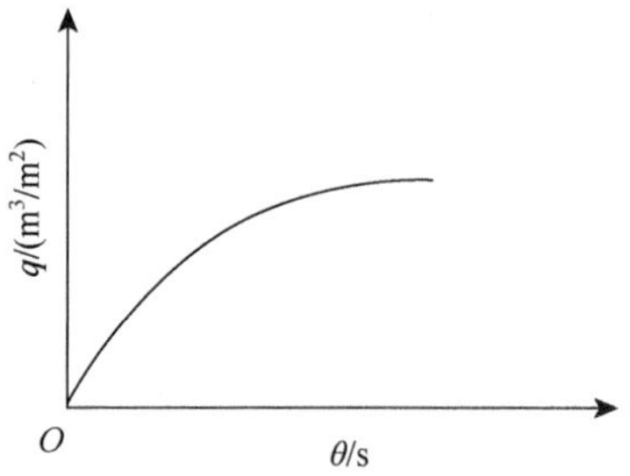

图 4.5　滤液量-时间曲线

1. K、q_e 的测定

不同物料形成的悬浮液，其过滤常数差别很大，即使是同一种物料，由于浓度不同，滤浆温度不同，其过滤常数也不尽相同，故要有可靠的实验数据作参考。

根据恒压过滤方程

$$(q+q_e)^2 = K(\theta+\theta_e) \tag{4-14}$$

式中：q——单位过滤面积获得的滤液体积，m^3/m^2；

q_e——单位过滤面积的虚拟滤液体积，m^3/m^2；

θ——实际过滤时间，s；

θ_e——虚拟过滤时间，s；

K——过滤常数，m^2/s。

两边取微分得

$$\frac{d\theta}{dq} = \frac{2}{K}q + \frac{2}{K}q_e \tag{4-15}$$

当时间间隔不大时，可用增量$\dfrac{\Delta\theta}{\Delta q}$代替$\dfrac{d\theta}{dq}$，相应的 q 由上下两次的平均值 q_m 代替，得

$$\frac{\Delta\theta}{\Delta q} = \frac{2}{K}q_m + \frac{2}{K}q_e \tag{4-16}$$

式（4-16）为直线方程。实验时，在恒压下过滤要测定的悬浮液，测出过滤时间 θ 及滤液累计量 q 的数据，在直角坐标下用$\dfrac{\Delta\theta}{\Delta q}$-$q_m$ 进行标绘，可得一直线。这条直线的斜率为$\dfrac{2}{K}$，截距为$\dfrac{2}{K}q_e$，由此可求出 K 和 q_e。θ_e 由式（4-17）得到。

$$q_e^2 = K\theta_e \tag{4-17}$$

2. Δp 对 K 的影响规律

过滤常数 K 的定义式为

$$K = 2k\Delta p^{1-s} \tag{4-18}$$

两边取对数得

$$\lg K = (1-s)\lg\Delta p + \lg(2k) \tag{4-19}$$

因 s 为常数，$k = \dfrac{1}{\mu r_0 c}$ = 常数，故 K 与 Δp 的关系在双对数坐标上标绘是一条直线，其斜率为 $1-s$、截距为 $\lg(2k)$，由此可计算滤饼的压缩性指数 s 及物料特性常数 k。

3. 洗涤速率与最终过滤速率的测定

恒压洗涤中，滤饼层厚度不变，洗涤速率是恒定不变的，测定洗涤速率要在洗水量流出稳定后测量，计量多少可根据需要来定。由于过滤速率的不断变化，最终过滤速率的测定比较困难，过滤要进行到滤渣充满滤框后才停止（要根据滤

液流出的情况及实验数据的变化而定）。然后利用作图确定，建议取图 4.6 中 A 点确定最终过滤速率。

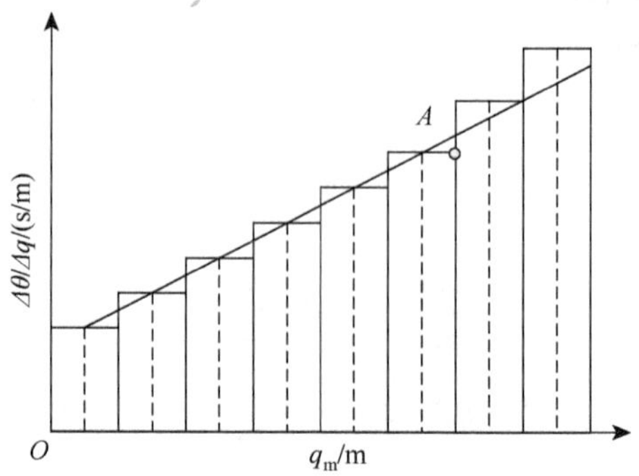

图 4.6　过滤速率图

在相同的操作条件下，洗涤速率除与最终过滤速率密切相关外，还与洗涤方式有关，可通过实验验证。置换洗涤时，洗涤速率=最终过滤速率；横穿洗涤时，洗涤速率=1/4 最终过滤速率。

洗涤速率为

$$\left(\frac{\mathrm{d}V}{\mathrm{d}\theta}\right)_{洗}=\frac{V_w}{\theta_w} \tag{4-20}$$

式中：V_w——洗液量，m^3/m^2；

θ_w——洗涤时间，s。

最终过滤速率为

$$\left(\frac{\mathrm{d}V}{\mathrm{d}\theta}\right)_{末}=\frac{KA}{2(q+q_e)} \tag{4-21}$$

式中：q——单位面积的滤液量，m^3/m^2。

四、实验装置及实验步骤

本实验有两组规格的过滤实验装置，一组是圆形过滤器，另一组是板框过滤机。

1. 圆形过滤器

1）实验装置

本实验装置有两套，主要由配料桶、供料泵、圆形过滤器等组成。流程有三种各用不同颜色区分的通路，其中气路的压缩空气由空气压缩机提供，水路接自来水管，可进行过滤、滤饼的洗涤和吹干。$MgCO_3$ 与水配制成一定浓度的悬浮液，倒入配料桶内，用供料泵将悬浮液打入过滤器中，进行过滤。

过滤实验装置流程图如图4.7所示，主要技术参数如下：

（1）过滤器由单组板框组成。

（2）滤框直径为130mm，厚度为15mm。

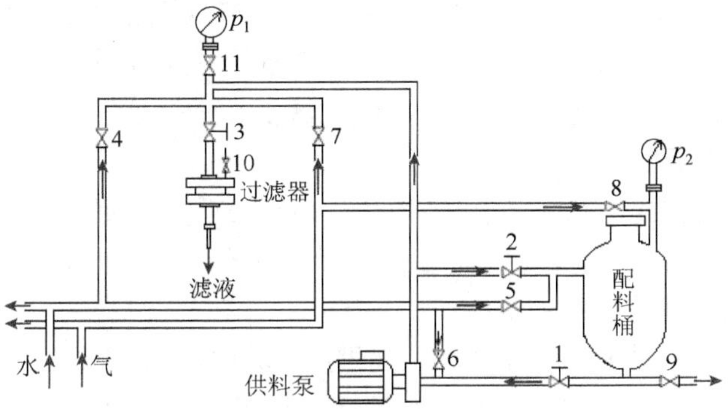

图4.7 圆形过滤实验装置流程图

1. 供料泵进口阀；2. 供料泵出口到配料桶控制阀；3. 进入过滤器控制阀；4、5、6. 进水控制阀门；7、8. 进气控制阀门；9. 配料桶排出口；10. 过滤器排气阀；11. 压力表控制阀

2）实验步骤

a. 配料

（1）将碳酸镁（$MgCO_3$）粉末与水配制成浓度为8.0°Bé[①]左右的悬浮液，浓度用波美比重计测定。

（2）按照板框的排列顺序安装过滤器，安装时滤布要先湿透，表面要拉平整，不起皱折，板框之间的密封垫要铺平，依次按对角线拧紧过滤器密封螺母，以免漏液。

（3）关闭阀9，将配好的悬浮液用筛子过滤后，倒入配料桶，其量约占配料桶的2/3。

b. 调节压力

（1）关闭所有阀门，打开阀1（最大），启动供料泵，打开阀2至最大，稍后打开阀3，调节阀2（不能关闭）使压力达指定值，待压力稳定后，关闭阀门3。

（2）打开过滤器清洗滤渣，按上述步骤安装过滤器。

c. 过滤

（1）准备量筒（2支）及秒表（2块），交替测量滤液量及时间，每组学生要做好分工，熟悉各自的实验操作并做好配合。

（2）开启阀门3，待滤液流出管口瞬间接取滤液的同时进行计时。当过滤至

① °Bé波美度，波美度与相对密度的换算关系为

波美度=144.3–(144.3/相对密度) 即 相对密度=144.3/(144.3–波美度)

对于比水轻的物质，相对密度=144.3/(144.3+波美度)。

滤液量很少时，滤渣已充满滤框，过滤结束。

（3）关闭供料泵，打开阀 9，回收滤浆，再关闭阀 9，配料桶内加少许水，开启供料泵循环清洗后回收。

d. 洗涤

（1）配料桶内加约 2/3 水，开启供料泵，维持洗涤压力与过滤压力一致，待洗涤水流出稳定后，测取洗涤水量及时间。实验至少测两次取平均值。

（2）实验完毕后卸出滤渣回收，清洗过滤器，做好实验室卫生。

3）操作注意事项

（1）每一实验大组测定不同过滤压力，滤液浓度要一致。

（2）由于滤浆回收反复使用，必须用筛子过滤，去除长纤维杂质（由滤布脱落），以免堵塞供料泵及管路。

（3）过滤压力及滤浆搅拌由供料泵提供，实验中吸入口阀 1（图 4.7）始终开至最大，通过调节出口阀 2（控制出口流量）达到指定的过滤压力，阀 2 不能关闭。

（4）要保证配料桶内的料液在 2/3 左右，否则压力下降或不稳定，此时不要调节阀 2，应立即向配料桶内加料至压力达指定值。

（5）恒压下过滤速率是变量，开始过滤操作不熟练，测取数据若有异常，要及时返工，只需关闭阀门 3（泵及阀 1、阀 2 不动），打开过滤器清洗滤渣，安装好过滤器后，可重新测取数据。

2. 板框过滤机

1）实验装置

如图 4.8 所示，滤浆槽内配含有 $CaCO_3$ 约 4%质量浓度的水悬浮液，用电动搅拌器进行均匀搅拌。启动旋涡泵，调节阀门 3 使压力表 5 指示在规定值。滤液在计量桶内计量。洗涤过程的流程如图 4.9 所示。图 4.10 为过滤机固定头管路分布图。

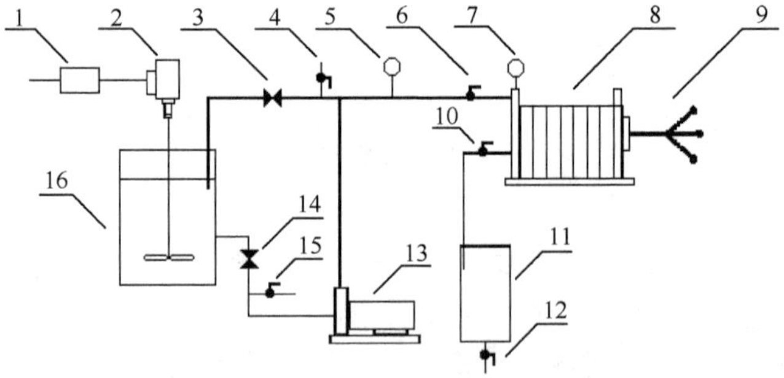

图 4.8　板框过滤实验流程示意图

1. 调速器；2. 电动搅拌器；3、14. 截止阀；4、6、10、12、15. 球阀；5、7. 压力表；8. 板框过滤机；9. 压紧装置；11. 计量桶；13. 旋涡泵；16. 滤浆槽

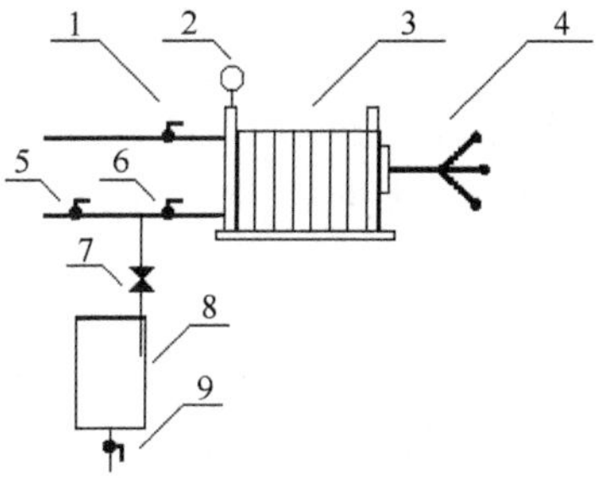

图 4.9 洗涤过程流程示意图

1、5、6、9. 球阀；2. 压力表；3. 板框过滤机；4. 压紧装置；7. 截止阀；8. 计量桶

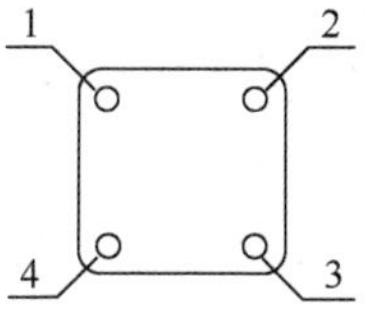

图 4.10 板框过滤机固定头管路分布图

1. 过滤入口通道；2. 洗涤入口通道；3. 过滤出口通道；4. 洗涤出口通道

2）设备的主要技术数据

（1）旋涡泵：型号 Y80-2。

（2）搅拌器：型号 KDZ-1，功率 160W，转速 3200r/min。

（3）过滤板：规格 160mm×180mm×11mm。

（4）滤布型号：工业用，过滤面积 0.0475m^2。

（5）过滤压力范围：0.05～0.2MPa。

（6）计量桶：长 285mm，宽 225mm。

（7）实验操作条件：过滤温度为 25℃，固体 $CaCO_3$ 的密度为 2930kg/m^3。

3）实验步骤

（1）系统接上电源，打开搅拌器电源开关，由小到大缓慢调节调速钮，启动电动搅拌器 2（图 4.8），将滤液槽 16 内浆液搅拌均匀。

注意：电动搅拌器为无级调速，使用时切勿反方向调节或调节过快损坏电机。另外，启动搅拌前，可用手旋转一下搅拌轴以保证顺利启动搅拌器。

（2）板框过滤机板、框排列顺序为固定头—过滤板—框—洗涤板—框—过滤板—可动头。装合时，过滤板与框之间的密封垫应注意放正，过滤板与框的滤液进出口对齐。用手动压紧装置的摇柄把过滤设备压紧后待用。

（3）使阀门 3、10、14 处于全开，其余阀处于全关状态。启动旋涡泵 14，调节阀门 3 使压力表 5 达到规定值。

（4）待压力表 5 稳定后，打开过滤入口阀 6，过滤开始。当计量桶 11 内见到第一滴液体时按秒表计时。记录滤液每增加高度 20mm 时所用的时间。当计量桶 11 读数为 160mm 时停止计时，并立即关闭入口阀 6。注意：计量桶的流液管口应贴桶壁，否则液面波动影响读数。

（5）调节阀门 3 使压力表 5 指示值下降，关闭旋涡泵 13 和电动搅拌器 2。开启压紧装置卸下过滤框内的滤饼并放回滤浆槽内，将滤布清洗干净。放出计量桶内的滤液并倒回槽内，以保证滤浆浓度恒定。

（6）改变压力，从第（2）步开始重复上述实验。

（7）**若需测定洗涤时间和洗水量，则每组实验结束后应用洗水管路对滤饼进行洗涤。**洗涤流程如图 4.9 所示。

（8）实验结束后，关闭电动搅拌器 2。同时关闭阀门 3 和 14，阀门 15 接上自来水，阀门 4 接通下水，阀门 6 打开，对泵及滤浆进出口管进行冲洗。切忌将自来水灌入储料槽中。

（9）滤浆槽接通下水，并清理设备，关闭电源。

五、实验报告内容

（1）绘出不同过滤压力下的 $\Delta\theta/\Delta q$-q 图。

（2）求出 K、q_e、θ_e 值，并写出完整的过滤方程式。

（3）求出洗涤速率并和最终过滤速率比较。

（4）求出压缩指性数 s 及物料特性常数 k（选做）。

六、思考题

（1）过滤刚开始时，为什么滤液经常是浑浊的？

（2）Δq 取大些好，还是取小些好？同一次实验，Δq 取值不同所得出的 K、q_e 值是否不同？作直线求 K 和 q_e 时，直线为什么要通过矩形顶边的中点？

（3）滤浆浓度和过滤压力对 K 有何影响？

（4）恒压过滤时，过滤速率随时间如何变化？

表 4.8　实验 4.3 原始数据记录表

实验装置号________　滤浆浓度________(°Bé)　过滤面积________(m^2)

压力/MPa													
过滤	序号	滤液量/L		过滤时间/s		滤液量/L		过滤时间/s		滤液量/L		过滤时间/s	
		累计 ΣV	增量 ΔV	累计 $\Sigma\theta$	增量 $\Delta\theta$	累计 ΣV	增量 ΔV	累计 $\Sigma\theta$	增量 $\Delta\theta$	累计 ΣV	增量 ΔV	累计 $\Sigma\theta$	增量 $\Delta\theta$
	1 2 3 ⋮												
洗涤	序号	洗水量 V_w/mL				洗水量 V_w/mL				洗水量 V_w/mL			
	1												
	2												
	平均值												

表 4.9 实验 4.3 实验数据计算表

压力	项目 \ 序号	1	2	3	4	5	6	7	8	9	10
	q_m/(m^3/m^2)										
	Δq/(m^3/m^2)										
	$\Delta\theta/\Delta q$/(s/m)										
	q_m/(m^3/m^2)										
	Δq/(m^3/m^2)										
	$\Delta\theta/\Delta q$/(s/m)										
	q_m/(m^3/m^2)										
	Δq/(m^3/m^2)										
	$\Delta\theta/\Delta q$/(s/m)										

表 4.10 实验 4.3 实验结果用表

过滤压力 /MPa	K /(m^2/s)	q_e /(m^3/m^2)	θ_e /s	$(dV/d\theta)_{末}$	$(dV/d\theta)_{洗}$	$\frac{(dV/d\theta)_{末}}{(dV/d\theta)_{洗}}$	恒压过滤方程

实验 4.4 对流传热系数测定实验

一、实验目的

（1）了解列管式换热器的结构，熟悉换热器的操作方法。

（2）掌握对流传热系数 α 和总传热系数 K 的测定方法，加深对其概念和影响因素的理解。

（3）学会用线性回归法确定关联式 $\mathrm{Nu} = C\,\mathrm{Re}^m$ 中常数 C、m 的值。

（4）通过实验提高对 α 关联式的理解，了解工程上强化传热的措施。

二、实验内容

（1）测定空气与水通过列管换热器的对流传热系数 α，并对 α 的实验数据进行线性回归，求出准数方程 $\mathrm{Nu} = C\mathrm{Re}^m$ 中常数 C、m 的值。

（2）通过分析计算确定总传热系数 K。

三、实验原理

1. 计算对流传热系数 α 的准数方程

以空气在圆形直管中湍流时 α 的测定为例进行讨论。

根据量纲分析方法，在流体稳定段，空气与圆形直管壁面间的对流传热系数 α 的准数方程一般形式为

$$\mathrm{Nu} = C\mathrm{Re}^m \mathrm{Pr}^n \mathrm{Gr}^r \tag{4-22}$$

式中：$\mathrm{Nu} = \dfrac{\alpha d}{\lambda}$，为努塞特（Nusselt）数，描述对流传热系数的大小；

$\mathrm{Re} = \dfrac{du\rho}{\mu}$，为雷诺（Reynolds）数，表征流体流动状态和湍流程度；

$\mathrm{Pr} = \dfrac{c_p\mu}{\lambda}$，为普朗特（Prandtl）数，表征与传热有关的流体物性；

$\mathrm{Gr} = \dfrac{\beta g \Delta t l^3 \rho^2}{\mu^2}$，为格拉斯霍夫（Grashof）数，表征由温差引起的自然对流的强度。

在强制湍流时，自然对流 Gr 的影响可以忽略；对于 Pr 的影响，当流体被加热时，n=0.4，流体被冷却时，n=0.3。因此，准数方程可转化为

$$\frac{\mathrm{Nu}}{\mathrm{Pr}^n} = C\mathrm{Re}^m \tag{4-23}$$

式（4-23）两边取对数得

$$\lg\left(\frac{\mathrm{Nu}}{\mathrm{Pr}^n}\right) = \lg C + m\lg\mathrm{Re} \tag{4-24}$$

由此可知，$\lg\left(\dfrac{\mathrm{Nu}}{\mathrm{Pr}^n}\right)$ 与 lgRe 成正比关系，根据实验数据在双对数坐标中以 $\dfrac{\mathrm{Nu}}{\mathrm{Pr}^n}$ 对 Re 作图，可得一直线，由直线截距及斜率可以分别求出 C、m，从而得到对流传热系数 α 的准数方程。

当 Re=2000～10 000 时，采用式（4-23）和式（4-24）得到的对流传热系数 α 必须乘以过渡区校正系数

$$f = 1 - \frac{6\times10^5}{\mathrm{Re}^{1.8}} \tag{4-25}$$

2. 总传热系数 K 的确定方法

（1）根据传热基本方程

$$Q = KA\Delta t_{\mathrm{m}}$$

得

$$K = \frac{Q}{A\Delta t_{\mathrm{m}}} \tag{4-26}$$

①Q——传热速率（kJ/s），可由热流体空气来计算，即

$$Q = m_{\mathrm{s}} c_p (T_1 - T_2) = V\rho\, c_p (T_1 - T_2) \tag{4-27}$$

式中：m_{s}——空气的质量流量，$m_{\mathrm{s}}=V\rho$，kg/h；

c_p——空气比热容，kJ/(kg·℃)；

T_1、T_2——空气进、出口温度，℃；

ρ——空气的密度，kg/m^3；

V——实验条件（管内平均温度）下的空气体积流量，m^3/h。

②空气体积流量 V 的计算式。

$$V = V_{T_0} \times \frac{273.15 + T_{\mathrm{m}}}{273.15 + T_0} = V_0 \times \sqrt{\frac{273.15 + T_0}{273.15 + 20}} \times \frac{273.15 + T_{\mathrm{m}}}{273.15 + T_0} \tag{4-28}$$

式中：V_{T_0}——流量计处空气的实际体积流量，m^3/h；

V_0——流量计气体体积流量读数，m^3/h；

T_{m}——空气进、出口平均温度（定性温度），$T_{\mathrm{m}} = \frac{T_1 + T_2}{2}$，℃；

T_0——流量计处空气的温度，℃。

③传热面积 A。

以管内表面积 A_{i} 计算：

$$A_{\mathrm{i}} = n\pi d_{\mathrm{i}} l \tag{4-29}$$

以管外表面积 A_{o} 计算：

$$A_{\mathrm{o}} = n\pi d_{\mathrm{o}} l \tag{4-30}$$

④对数平均温差 Δt_{m} 的计算式。

$$\Delta t_{\mathrm{m}} = \psi \Delta t_{\mathrm{m},逆} \tag{4-31}$$

式中：ψ——传热平均温差修正系数，可通过查图或 $\psi = \psi(P,R)$ 关系式计算得到。

本实验换热器为 1-2 折流，$P = \frac{t_2 - t_1}{T_1 - t_1}$，$R = \frac{T_1 - T_2}{t_2 - t_1}$，对数平均温差 Δt_{m} 可采用式（4-32）计算。

$$\Delta t_{\mathrm{m}} = \sqrt{R^2+1}\left(t_2-t_1\right) \Big/ \ln\left[\frac{2-P\left(1+R-\sqrt{R^2+1}\right)}{2-P\left(1+R+\sqrt{R^2+1}\right)}\right] \tag{4-32}$$

式中：t_1、t_2——冷流体（水）进、出口温度，℃。

（2）总传热系数 K 与对流传热系数 α 的计算。

基于管内表面积 A_{i} 的总传热系数 K_1：

$$\frac{1}{K_1} = \frac{1}{\alpha_1} + \frac{\delta}{\lambda}\frac{d_{\mathrm{i}}}{d_{\mathrm{m}}} + \frac{1}{\alpha_2}\frac{d_{\mathrm{i}}}{d_0} = \frac{A_{\mathrm{i}}\Delta t_{\mathrm{m}}}{Q} \tag{4-33}$$

基于管外表面积 A_{o} 的总传热系数 K_2：

$$\frac{1}{K_2} = \frac{1}{\alpha_2} + \frac{\delta}{\lambda}\frac{d_{\mathrm{o}}}{d_{\mathrm{m}}} + \frac{1}{\alpha_1}\frac{d_{\mathrm{o}}}{d_{\mathrm{i}}} = \frac{A_{\mathrm{o}}\Delta t_{\mathrm{m}}}{Q} \tag{4-34}$$

因为水侧的对流传热系数 α_2 远大于空气侧对流传热系数 α_1，且管壁导热热阻很小，污垢热阻可以忽略不计，故 $K_1 \approx \alpha_1$，则有

$$\alpha_1 \approx K_1 = \frac{Q}{A_{\mathrm{i}}\Delta t_{\mathrm{m}}} \tag{4-35}$$

四、实验装置

1. 列管换热器

单壳程双管程，壳程采用圆缺形挡板，传热管为不锈钢管，管径 Φ10mm×1mm；有效管长 l=1000mm；管数 n=14 根。

2. 测量仪表

1）温度测量

测量冷、热流体进、出口温度，共四支。

一次仪表：Pt100 铂电阻，量程 0～400℃。

二次仪表：数显仪表 AI-708J，精度 0.2 级。

控温仪表：人工智能温度调节仪表 AI-708，精度 0.2 级。

2）流量测量

冷、热流体转子流量计：型号为 LZB-25，精度为 1.5 级。

测量范围：气体 2.5～25Nm^3/h（标准立方米/小时，N 表示标准状况下），液体 100～1000NL/h。

本传热实验物系统为冷水-热空气系统，冷水走壳程，热空气走管程。冷水来自循环水箱，经转子流量计测量流量、温度计测量进口温度 t_1 后，进入换热器壳

程，换热后在出口处测量其出口温度 t_2。热空气来自旋涡气泵，由旁路调节阀调节，经转子流量计测量流量后，进入电加热器加热升温到预定温度后，进入换热器的管程，并在其进、出口处测量相应温度 T_1 和 T_2。

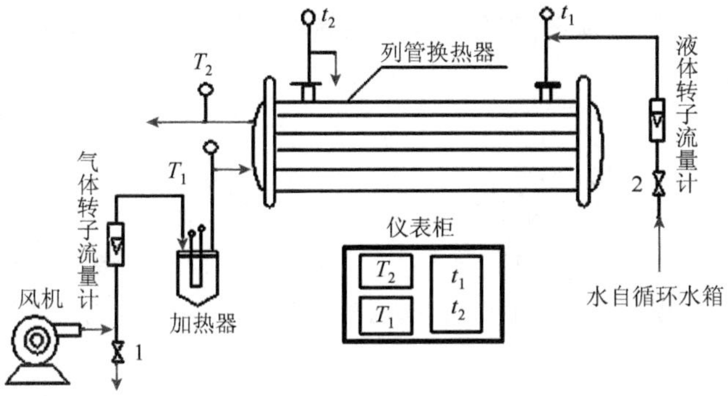

图 4.11　列管式换热器流程图

1. 风机旁路流量调节阀；2. 液体流量调节阀

五、实验步骤

（1）熟悉设备流程及实验测试点，检查设备，做好运转操作准备。

（2）关闭阀 2，启动循环水泵，打开泵出口阀调节一定开度后，再打开阀 2 并调节液体流量计流量至预定值。

（3）全开风机旁路阀 1，启动风机，再关小旁路阀 1，调节空气流量计流量至预定值（旁路阀全开时，通过传热管的空气流量为所需的最小值，全关时为最大值）。启动空气加热器（绿色按钮），在智能温度调节仪表 AI-708 上设定并控制加热空气温度 $T<180℃$。

（4）维持冷、热流体流量不变，待传热管热空气进口温度 T_1 达预定值（应避免温度计读数超出其量程，使换热器的密封垫圈烧焦），稳定 15min 后，可读取并记录数据。

（5）在空气（热流体）进口温度 T_1 恒定下，分别改变冷、热流体的流量值，合理布点五六个，记录有关实验数据。建议流量值由小到大进行调节（注意：最小、最大流量值一定要做）。每次改变流量后，必须稳定 10min 左右，待有关参数都稳定后，再读取并记录数据（注意：第 1 个数据点必须稳定 15min）。

（6）实验结束，关闭加热器开关，待热空气进口温度 $T_1<50℃$，关闭风机，并将旁路阀 1 全开，关闭冷、热流体调节阀，关闭循环水泵。

六、操作注意事项

（1）实验开始前要关闭液体流量计调节阀 2，避免流量过大损坏流量计。

（2）必须保证空气管路的畅通，即在启动风机电源之前，旁路调节阀 1 必须全开。

（3）空气转子流量计的调节阀缓慢开启和关闭，以免损坏流量计。

（4）**空气加热器必须有空气流入才能启动，要注意开关风机、加热器顺序，且加热不宜过快。**

七、实验报告内容

（1）将实验原始数据及计算结果列入表格，要有一组数据计算过程举例。

（2）将计算结果在双对数坐标纸上绘出 Re-Nu 关系曲线，通过作图求出关联式中的常数 C、m。

（3）用测定的对流传热系数数据检验通用的对流传热准数关联式。

八、思考题

（1）传热管内壁温度、外壁温度和平均温度是否可认为近似相等？为什么？

（2）如何判定传热过程已达到稳定状态？实验中哪些因素影响实验的稳定性？

（3）若想求出准数关联式 $\mathrm{Nu}=C\mathrm{Re}^m\mathrm{Pr}^n$ 中的 C 和 m 值，应如何设计实验？

（4）本实验中提高空气或水的流速，则空气的对流传热系数 α 和总传热系数 K 值如何变化？并根据本实验结果分析如何有效强化传热？

（5）本实验关联出的常数 C、m 值其准确度如何？主要影响因素是什么？应如何改进？

表 4.11　实验 4.4 原始数据记录表

实验方案　1. 空气温度 T_1 及流量恒定，改变水的流量。

2. 空气温度 T_1 及水的流量恒定，改变空气的流量。

实验装置号________　实验方案________　室温________(℃)　大气压________(mmHg)

序号	热流体（空气）			冷流体（水）		
	流量 V /(m^3/h)	温度/℃		流量 V /(L/h)	温度/℃	
		T_1	T_2		t_1	t_2
1 2 3 ⋮						

表 4.12 实验 4.4 数据计算结果表

管外径 d_o=____(mm) 管内径 d_i=____(mm) 管长 l=____(m) 根数 n=____（根）管程数 N=

序号	定性温度 T_m/℃	对数平均温度 Δt_m/℃	空气密度 ρ /(kg/m³)	空气质量流量 m_s /(kg/h)	空气黏度 μ /(Pa·s)	空气导热系数 λ /[W/(m·℃)]	空气对流传热系数 $K(\alpha)$ /[W/(m²·℃)]	Re×10⁴	Nu
1									
2									
3									
⋮									

实验 4.5 吸收传质系数测定实验

一、实验目的

（1）了解填料吸收塔的结构和流程。

（2）了解吸收剂进口条件的变化对吸收操作结果的影响。

（3）掌握溶质回收率 η 的测定方法。

（4）掌握吸收总传质系数 K_{Ya} 的测定方法。

二、实验内容

（1）测定操作条件下的溶质回收率 η 和吸收总传质系数 K_{Ya} 。

（2）根据实验结果，分析操作条件对总传质系数的影响。

三、实验原理

在吸收过程中，吸收的快慢程度由吸收速率表征。吸收速率方程具有“速率=推动力/阻力”的形式，是设计吸收设备不可缺少的关系式。

对于低浓度气体的吸收，在 X-Y 坐标上所绘出的操作线为直线，若在操作浓度范围内平衡关系符合亨利定律（$Y^* = mX$），则平衡线变为直线。则填料塔的全塔吸收速率方程为

$$G_a = K_{Ya} V_{填} \Delta Y_m \tag{4-36}$$

式中：G_a——吸收速率，指单位时间内吸收质被吸收的量，kmol/h；

K_{Ya}——气相总体积吸收传质系数，kmol/(m³·h)；

ΔY_m——塔顶、塔底气相平均推动力；

$V_{填}$——填料层堆积体积，m³。

1. 总传质系数 K_{Ya} 的测定

经过实验测得进、出口气液流速及有关浓度数据后，可结合物料衡算及平衡关系，算出吸收速率 G_a 及平均推动力 ΔY_m，再根据设备算出 $V_{填}$ 后可用式（4-36）计算 K_{Ya}。

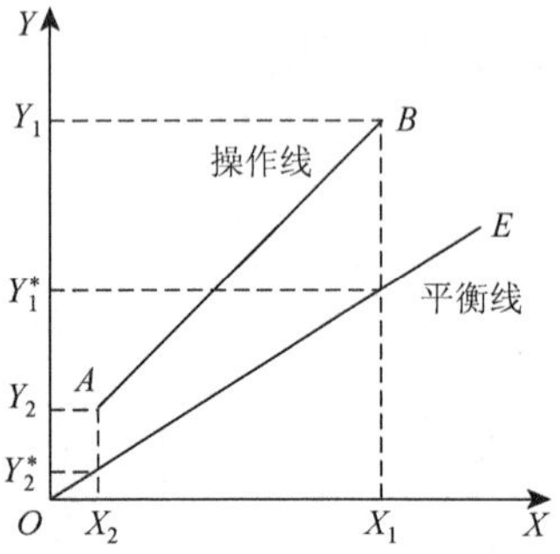

图 4.12　吸收操作线与平衡线

1）气相平均推动力 ΔY_m

在本实验的操作条件下，操作线和平衡线为直线，如图 4.12 所示，则

$$\Delta Y_m = \frac{\Delta Y_1 - \Delta Y_2}{\ln \dfrac{\Delta Y_1}{\Delta Y_2}} \tag{4-37}$$

式中：$\Delta Y_1 = Y_1 - mX_1$；

$\Delta Y_2 = Y_2 - mX_2$。

2）传质速率 G_a

$$G_a = G_{A+B}(Y_1 - Y_2) \tag{4-38}$$

因低浓度气体吸收，混合气体的流率 G_{A+B} 可近似看作空气的流率 G_B(kmol/h)。

3）填料层堆积体积 $V_{填}$

$$V_{填} = \Omega h \tag{4-39}$$

式中：Ω——吸收塔横截面积，m^2；

h——填料高度，m。

2. 溶质回收率 η 的计算

$$\eta = \frac{被吸收的溶质量}{进塔的溶质量} \times 100\% = \frac{Y_1 - Y_2}{Y_1} \times 100\% \tag{4-40}$$

3. 吸收塔的操作与调节

吸收塔的气体进口条件是由前一工序决定的，能够控制和调节的是吸收剂的进口条件：流率 L、温度 t、浓度 X_2 三个要素。

对于已给定的具有一定填料高度的填料塔，由吸收分析可知，改变吸收剂用量是对吸收过程进行调节的最常用方法，当气体流率 G 不变时，增加吸收剂流率，传质平均推动力 ΔY_m 增大，吸收速率 G_a 增加，溶质吸收量增加，则出口气体的组成 Y_2 减小，回收率 η 增大。

吸收剂入口温度对吸收过程影响也很大，也是控制和调节吸收操作的一个重要因素。降低吸收剂的温度，使气体的溶解度增大，相平衡常数减小。对于液膜控制的吸收过程，降低操作温度，吸收过程的阻力 $1/K_{Ya} \approx m/k_{Xa}$，将随之减小，结果使吸收效果变好，$Y_2$降低，而平均推动力 ΔY_m 也会减小。对于气膜控制的吸收过程，降低操作温度，过程阻力 $1/K_{Ya} \approx 1/k_{Ya}$ 不变，但平均推动力 ΔY_m 增大，吸收效果同样将变好。总之，吸收剂温度的降低改变了相平衡常数，对过程阻力及过程推动力都产生影响，其总的结果使吸收效果变好，吸收过程的回收率增加。

吸收剂浓度也是控制吸收操作的重要参数，它对出塔气相浓度 Y_2 有限制作用，本实验用水作吸收剂，X_2=0。

四、实验装置

实验装置由填料吸收塔、空气压缩机、丙酮气化器、丙酮蒸气-空气混合器、液体恒压槽等组成，其流程如图 4.13 所示。

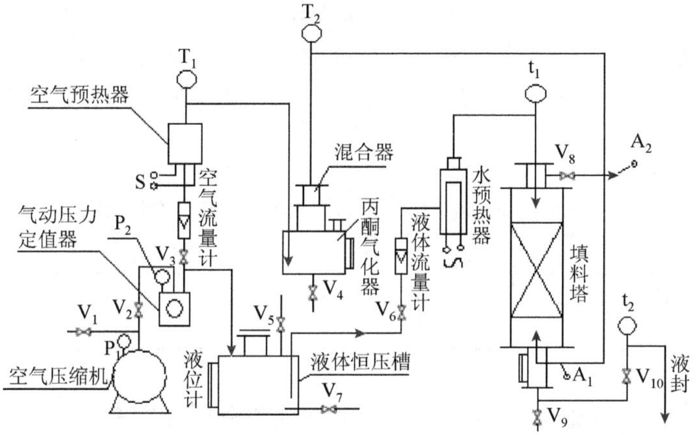

图 4.13 丙酮、空气-水吸收实验流程图

P_1、P_2. 压力表；T_1、T_2、t_1、t_2. 温度计；V_1. 空气压缩机旁路阀；V_2. 空气压力定值器调节阀；V_3、V_6. 流量计调节；V_4、V_7、V_9. 放料阀；V_5. 排气阀；V_8. 尾气阀；V_{10}. 液封流量调节阀；A_1、A_2. 气体进出口取样口

来自空气压缩机，经压力定值器恒压至 0.02MPa 的空气，经流量计、加热器后进入丙酮气化器与丙酮鼓泡，混合气由空气-丙酮混合器经输气管道进入吸收塔底部，在填料塔内与水逆流接触，被吸收掉大部分丙酮后，从塔顶排出。

空气经压力定值器进入液体恒压槽，吸收剂（水）被送入流量计，经预热器预热到一定温度后由塔顶喷入吸收塔，与上升的气流逆流接触，最后经液封装置排出。吸收塔的进、出口浓度 Y_1、Y_2、X_1 由气相色谱仪测定。

实验装置基本尺寸如下所示。

（1）填料塔：塔内径 Φ35mm；塔身高度 500mm。

填料名称瓷质拉西环；填料层高度 400mm；填料尺寸 Φ6mm×6mm×1mm。

（2）空气转子流量计：型号 LZJ-6，流量范围 100～1000L/h。

（3）液体转子流量计：型号 LZB-4，流量范围 1～10L/h。

五、实验步骤

（1）关闭阀 V_4，将丙酮加入到丙酮气化器至液位计 3/4 处。关闭阀 V_7，打开排气阀 V_5，恒压水槽加水至液位计顶部，拧紧加料口，关闭阀 V_5，保证容器密闭。

（2）打开塔顶尾气阀 V_8，关闭空气压力定值器调压阀 V_2（拧松），启动空气压缩机使气包内压力 p_1 稳定后，调节阀 V_2，使进入系统的压力 p_2 恒定在 0.02MPa。

（3）打开阀 V_6，调节流量至预定值。打开水预热器，调节加热电压使温度 t_1 达预定值。

（4）打开阀 V_{10}，调节液封液位计至液位稳定。

（5）打开空气流量计调节阀 V_3，慢慢加大气速到接近液泛，然后回复到预定气速再进行正常操作，目的是使填料全面润湿一次。

（6）配置空气-丙酮混合气体，气相浓度达 10%（摩尔分数）左右（表 4.13）。当室温低于 15℃时，空气需要加热，可调节空气加热器电压，预热空气使混合气体达到要求。

表 4.13　在 1.2×10^5Pa 条件下丙酮在空气中的饱和浓度与温度 t 的关系

空气温度/℃	0	10	15	20	25	30	35	40
丙酮饱和浓度 y_1^*（摩尔分数）/%	8.5	11.4	14.6	17.9	24.4	30.9	38.2	46.3

（7）各仪表读数稳定 10min 后，即可记录和取样分析有关数据，取样测定要先取塔顶后取塔底，同一样品至少取样分析 3 次，取平均值。

（8）改变吸收剂流率，在稳定操作条件下测定有关参数。

（9）改变吸收剂温度，在稳定操作条件下测定有关参数。

六、操作注意事项

（1）空压机在工作时不要断电。

（2）空压机启动前要拧松（逆时针）压力定值器旋钮，避免高压空气进入系统。

（3）空气与水预热器切勿干烧，要先调节流量待流体流入预热器后，再开加热。

（4）预热器加热电压空气不大于 50V，液体不大于 60V。

（5）使用气相色谱仪要严格按照操作规程，严禁在无载气的情况下加热，尤其注意先通入载气（氢气）后，再开加热，关机时要先关加热，待温度降至室温再关载气，否则检测器将永久损坏。

（6）色谱用注射器属于贵重、易损实验用品，要爱惜使用，避免浪费。

七、实验报告内容

（1）绘制 X-Y 图，作出平衡线和操作线。

（2）计算各操作条件下的 K_{Ya}、η。

八、思考题

（1）从传质推动力和传质阻力两方面分析吸收剂的流量及温度对吸收过程的影响。

（2）从实验数据分析水吸收丙酮是气膜控制还是液膜控制，还是气膜阻力和液膜阻力都不能忽略的过程？

（3）填料吸收塔塔底为什么有液封装置？液封装置是如何设计的？

（4）当进气浓度不变时，欲提高溶液出口浓度，可采用哪些措施？

（5）在一定操作条件下，温度 T_2、t_2 的变化反映了系统的变化过程，请说明变化的原因。

表 4.14 丙酮在水中的平衡溶解度

液相浓度 x（摩尔分数）	平衡分压 p^*/kPa				
	10℃	20℃	30℃	40℃	50℃
0.01	0.906	1.599	2.706	4.399	7.704
0.02	1.799	3.066	4.998	7.971	12.129
0.03	2.692	4.479	7.131	11.063	16.528
0.04	3.466	5.705	8.997	13.862	20.660
0.05	4.185	6.838	10.796	16.528	24.525

表 4.15 实验 4.5 原始数据记录表

实验方案 1. 空气流量及吸收剂入塔温度恒定，改变吸收剂流量。

2. 空气流量及吸收剂流量恒定，改变吸收剂入塔温度。

3. 吸收剂流量及温度恒定，改变空气流量。

实验装置号______ 实验方案______ 空气流量 V_B______(L/h) 吸收剂流量 L______(L/h)

室温______(℃) 大气压______(mmHg)

项目 / 操作条件	序号	电压/V		温度示值/℃				气液相浓度/V%			平均值/V%			效率 η/%
		水	空气	T_1	T_2	t_1	t_2	y_1	y_2	x_1	x_2	y_2	x_1	
	1													
	2													
	3													
	1													
	2													
	3													

表 4.16　实验 4.5 数据计算结果表

塔径________(mm)　填料层高度________(mm)　空气定值器控制压力________(MPa)

项目 操作条件			L_s /[kmol/(m² · h)]	G_a /[kmol/(m² · h)]	X_1	平衡常数 m	ΔY_m	$V_{填}$ /m³	η /%	K_{Ya} /[kmol/(m³ · h)]

实验 4.6　精馏塔全塔效率测定实验

一、实验目的

（1）了解板式精馏塔的结构及基本流程。

（2）熟悉精馏塔的操作与调节。

（3）掌握全塔效率的测定方法。

二、实验任务

（1）筛板精馏塔内，在一定回流比下对 15%～20%（体积分数）的乙醇溶液进行精馏分离。

（2）测定全回流操作的理论板数及全塔效率，测定部分回流操作的全塔理论板数和全塔效率。

三、实验原理

精馏操作是分离工程中最基本最重要的单元之一。在板式精馏塔中，由塔釜产生的蒸气沿塔逐板上升，与来自塔顶逐板下降的回流液在塔板上实现多次接触，进行传热与传质，在塔顶得到较纯的轻组分，塔釜得到较纯的重组分，从而实现分离。本实验的分离物料是乙醇-水溶液。

如果每层塔板上的液体与离开塔板的上升蒸气处于平衡状态，则该板称为理论板。在实际操作中，由于接触时间的限制以及其他因素的影响，气液两相达不到平衡的状态，即达不到理论分离效果，可用板效率表示塔板上传质的完善程度。通常各板的板效率并不相同，用单板效率将理论板折合成实际板颇为复杂，可用全塔效率 E_T 描述实际板的平均效率。

1. 全塔效率 E_T

全塔效率又称总板效率，是指达到指定分离效果所需理论板数与实际板数的比值，即

$$E_{\mathrm{T}}=\frac{N_{\mathrm{T}}-1}{N_{\mathrm{e}}}\times 100\% \tag{4-41}$$

式中：N_e——完成一定分离任务所需的实际塔板数，由实验塔本身确定；

N_T——完成一定分离任务所需的理论塔板数（包含再沸器）。

全塔效率反映了整个塔内塔板的平均效率，说明了塔板结构、物性系数、操作状况对塔分离能力的影响。对于塔内所需理论塔板数 N_T，可由已知的双组分物系平衡关系，以及实验中测得的进料组成 x_F、塔顶馏出液组成 x_D、塔底组成 x_W、回流比 R 和进料热状况 q 等，用图解法求得。

2. 图解法求理论塔板数 N_T

图解法又称麦卡勃-蒂列（McCabe-Thiele）法，简称 M-T 法，其原理与逐板计算法完全相同，只是将逐板计算过程在 x-y 图上直观地表示出来。

精馏段操作线方程为

$$y_{n+1}=\frac{R}{R+1}x_n+\frac{x_{\mathrm{D}}}{R+1} \tag{4-42}$$

式中：y_{n+1}——精馏段第 n+1 块塔板上升的蒸气组成，摩尔分数；

x_n——精馏段第 n 块塔板下流的液体组成，摩尔分数；

x_D——塔顶溜出液的液体组成，摩尔分数；

R——泡点回流下的回流比。

提馏段操作线方程为

$$y_{m+1}=\frac{L'}{L'-W}x_m-\frac{Wx_{\mathrm{W}}}{L'-W} \tag{4-43}$$

式中：y_{m+1}——提馏段第 m+1 块塔板上升的蒸气组成，摩尔分数；

x_m——提馏段第 m 块塔板下流的液体组成，摩尔分数；

x_W——塔底釜液的液体组成，摩尔分数；

L'——提馏段内下流的液体量，kmol/s；

W——釜液流量，kmol/s。

冷液进料热状况 q 值及 q 线方程可分别表示为

$$q=1+\frac{c_{p\mathrm{F}}\left(t_{\mathrm{b}}-t_{\mathrm{F}}\right)}{r_{\mathrm{F}}} \tag{4-44}$$

$$y=\frac{q}{q-1}x-\frac{x_{\mathrm{F}}}{q-1} \tag{4-45}$$

式中：q——进料热状况参数；

r_F——进料液组成下的气化潜热，kJ/kmol；

t_b——进料液的泡点温度，℃；

t_F——进料液温度，℃；

c_{pF}——进料液在平均温度$(t_S+t_F)/2$下的比热容，kJ/(kmol · ℃)；

x_F——进料液组成，摩尔分数。

全回流精馏操作时，精馏段操作线及提馏段操作线在 x-y 图上为对角线 $y_{n+1}=x_n$，根据塔顶、塔釜的组成在操作线和平衡线间作梯级，即可得到理论塔板数 N_T。

部分回流精馏操作时，根据实验测得的塔顶、塔釜的组成等，并结合精馏段操作线、提馏段操作线及进料热状况 q 线三条线（交点为 d 点），在操作线和平衡线之间作梯级，即可得到理论塔板数 N_T。跨过交点 d 的板就是加料板，其上的阶梯数为精馏段的理论塔板数 N_1。

四、实验装置

本实验装置共有三套不锈钢筛板精馏塔，每套装置由塔体、供液系统、产品储罐和仪表控制柜等部分组成。其流程如图 4.14 所示。

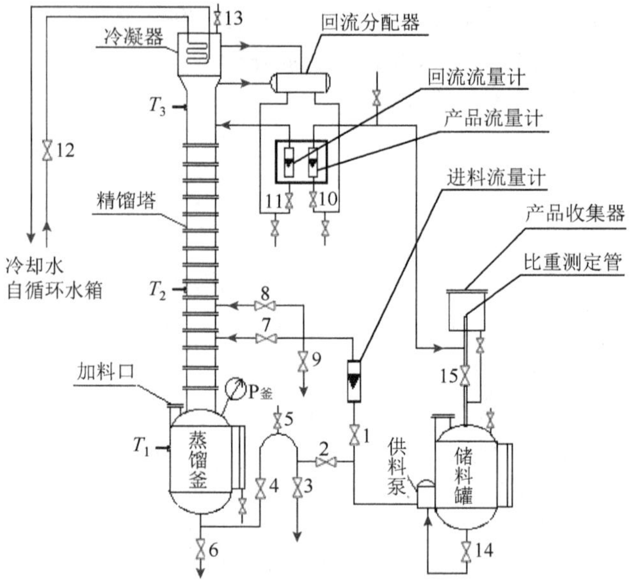

图 4.14 精馏全塔效率实验流程图

T_1. 塔釜温度；T_2. 灵敏板温度；T_3. 塔顶温度；P釜. 塔釜压力表；1、10、11. 转子流量计调节阀；2～9、12～15. 闸阀

1. 塔身主要参数

装置高度 3400mm，15 块塔板。

塔径 Φ50mm；塔板板厚 δ=1mm，不锈钢；孔径 d_0=2mm；孔数 n=25，为三角形排列。

板间距 H_T=100mm；溢流管内径 Φ10mm，不锈钢管；堰高 h_0=10mm。

蒸馏釜为 Φ250mm×340mm×3mm 不锈钢立式结构。用两支 SRY-2-1 型电热棒进行加热，其中一支为 1.0kW，进行恒定（常开）加热，另一支 1.2kW，用以自耦变压器在 0～1.2kW 范围内调节，并由仪表柜上的电压表加以显示。

2. 供料系统

供料泵：小型增压磁力泵。

产品流量计：LZB-3WB，2.5～25mL/min。

回流流量计：LZB-3WB，6～60mL/min。

供料流量计：LZB-4 型，1～10L/h。

3. 测温系统

在塔顶、塔中段（第六块塔板）、塔釜各装有 WZG-001 微型铜电阻感温计各一支，并由仪表柜上的温度指示仪加以显示，以监测气液相组成的变化。

五、实验步骤

1. 配料、加热

（1）分别配制釜液约 5%（体积分数），进料液 15%～20%（体积分数）的乙醇溶液，并记录温度。

（2）关闭各阀门，将釜液加入塔釜内至液位计上的标记处（约 3/4）。进料液加入储料罐内。

（3）打开冷凝器顶上通大气的考克阀 13（常开），打开冷却水阀 12，调节适量的冷却水量。

（4）启动总电源开关。为了加快预热速率，可加大加热电压（220V），进行釜液加热。

2. 全回流操作

（1）打开回流流量计调节阀 11，至最大开度（流量计内不应有杂质，浮子要上下灵活）。

（2）待釜液沸腾后，观察三个塔节玻璃筒内自下而上逐步形成鼓泡现象，当顶温升至 72℃左右时，减小加热量，以维持塔内正常鼓泡。

（3）全回流下，应控制塔顶约 78℃，灵敏板 80～83℃，塔釜约 96℃，回流量大于 50mL/min。

3. 部分回流操作

（1）鼓泡正常，全回流操作条件稳定后，打开阀 14、阀 7 或阀 8（选择进料塔板），启动供料泵，调节进料流量计调节阀 1 使进料流量达到预定值。

（2）关闭阀 2，打开阀 3、阀 4，调节釜液以细线状流出，并要随时注意**保持塔釜液面在标记处稳定不变**，维持全塔物料平衡。

（3）注意观察塔内鼓泡及塔板温度（T_1、T_2、T_3）情况，调节加热电压，控制塔釜压力 3kPa 左右。

（4）选取回流比 R=2～3，调节回流流量计流量在“20～30”刻度线，打开阀 10，调节产品流量计流量在“10”刻度线以上，开始收集产品。

4. 取样测定

（1）待塔内操作正常且塔顶温度稳定 10min 以上，可分别测定塔顶浓度、塔底浓度。

（2）用刻度范围为 0～50、50～100 的酒精计分别测取塔底、原料液浓度及塔顶浓度（体积分数），同时测量相应温度。酒精计读数经“酒精计温度浓度换算表”进行温度校正，查得 20℃下的数值，并记录。

（3）正常的操作应达到产品浓度大于 92%（体积分数），釜残液浓度小于 4%（体积分数），并在 40min 内收集产品约 500mL 的塔顶采出量。

（4）加大加热电压 220V 可以看到液泛现象。此时塔内压力明显增大。观察后，将电压减小到 0。

（5）关掉电源，一切恢复原来状态，待塔内没有回流时将冷却水关闭。

六、操作注意事项

（1）**必须随时注意塔釜釜液，不能低于液位计标记处（约 1/2），否则加热棒暴露于空气中易烧坏**。

（2）进料状况下，要控制物料平衡，随时调节进料量及塔釜残液量的排出。为防止出现虹吸，必须在操作前打开放空考克阀 5。

（3）进料泵在供料前，必须排尽泵体内的空气，充满溶液，否则泵（磁力）无法正常工作。

（4）测定产品浓度，必须在测定管内有产品液流出时，方可插入刻度 50～100 的酒精计。

（5）测定釜残液浓度，采集量约 200mL，冷却至 30℃左右，最好能做到塔顶、塔底同时取样。

七、实验报告内容

（1）在直角坐标纸上标绘制 x-y 图，由图解法求出理论塔板数。

（2）求出全塔效率。

八、思考题

（1）什么是全回流？全回流操作的标志有哪些？在生产中有什么实际意义？

（2）为什么要控制塔釜液面？操作中是如何控制塔釜液面的？

（3）精馏塔操作中，塔釜压力为什么是一个重要的操作参数？塔釜压力与哪些因素有关？

（4）为什么乙醇蒸馏采用常压操作而不采用加压或真空蒸馏？

（5）本实验能否蒸出 96%（质量分数）以上的乙醇溶液？为什么？

（6）由全回流改为部分回流，这时的理论板数将如何变化？全塔效率如何变化？为什么？

（7）操作过程中，由于塔顶采出率过大而造成产品不合格，恢复正常最快、最有效的方法是什么？

（8）本实验中，进料状况为冷进料，当进料量太大时，为什么会出现精馏段干板，甚至出现塔顶既没有回流也没有出料的现象？应如何调节？

表 4.17 乙醇-水（1.013×10^5Pa）的气液平衡组成

乙醇（摩尔分数）/%									
	x	0.00	1.90	7.21	9.66	12.38	16.61	23.37	26.08
	y	0.00	17.00	38.91	43.75	47.04	50.89	54.45	55.80
温度 t/℃		100	95.5	89.0	86.7	85.3	84.1	82.7	82.3
乙醇（摩尔分数）/%	x	32.73	39.65	50.79	51.98	57.32	67.63	74.72	89.43
	y	58.26	61.22	65.64	65.99	68.41	73.85	78.15	89.43
温度 t/℃		81.5	80.7	79.8	79.7	79.3	78.74	78.41	78.15

表 4.18 实验 4.6 原始数据记录表

实验装置号________ 进料位置第________块板 进料液浓度 x_F=________%（体积分数）

进料液温度 t_F=________(℃)

项目 操作	加热电压 V/V	塔釜压力 p/kPa	鼓泡情况			温度/℃			流量/(mL/min)			浓度/%（体积分数）	
			上	中	下	塔釜 T_1	灵敏板 T_2	塔顶 T_3	进料 F /(L/h)	回流 L	产品 D	产品 x_D	釜液 x_W
全回流													
部分回流													

实验 4.7　干燥速率曲线测定实验

一、实验目的

（1）了解气流常压干燥设备的基本流程和工作原理。

（2）掌握物料含水量的测定方法。

（3）掌握物料干燥曲线和干燥速率曲线的测定方法。

二、实验内容

（1）测定某种物料在恒定干燥条件下的干燥曲线、干燥速率曲线。

（2）测定临界含水量和平衡含水量。

三、实验原理

物料干燥过程除与干燥介质（空气）的性质有关外，还受物料中所含湿分性质的影响，干燥速率曲线是湿分情况和性质的具体反映，速率曲线可由干燥曲线转化而来，所以无论设计哪一种类型的干燥装置，干燥曲线和干燥速率曲线都是不可缺少的基础。

1. 干燥曲线

干燥曲线反映了物料的干基含水量 X（kg 水/kg 干料）与干燥时间 θ 之间，以及物料温度与时间之间的关系。

干基含水量为

$$X = \frac{G - G_C}{G_C} \qquad (4\text{-}46)$$

式中：G——湿物料的总量，kg；

G_C——绝干物料量，kg。

绝干物料量 G_C 一般采用近似方法得到，即将湿物料烘至恒量时的质量。干燥曲线的测定是将湿物料置于一定的温度、湿度和气速的空气流中，测得的被干燥物料的质量和温度随时间的变化关系，如图 4.15 所示的曲线。

2. 干燥速率曲线

干燥速率的定义为

$$U = -\frac{G_C \mathrm{d}X}{A\mathrm{d}\theta} = \frac{\mathrm{d}W}{A\mathrm{d}\theta}\ [\mathrm{kg/(m^2 \cdot s)}] \tag{4-47}$$

式中：W——水分气化量，kg；

A——干燥面积，m^2；

θ——干燥时间，s。

严格地说，干燥速率曲线应由干燥曲线转化得到，即作出干燥曲线上各点相应的斜率 $\frac{\mathrm{d}X}{\mathrm{d}\theta}$，然后由 $U = -\frac{G_C \mathrm{d}X}{A\mathrm{d}\theta}$ 求出干燥速率 U，由此作出干燥速率曲线，如图 4.16 所示。

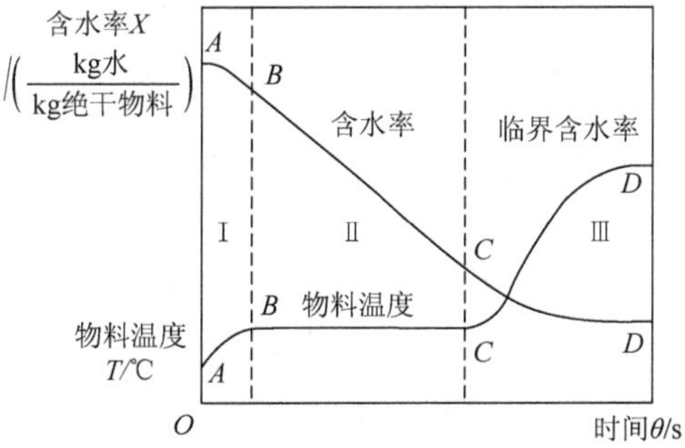

图 4.15　干燥曲线

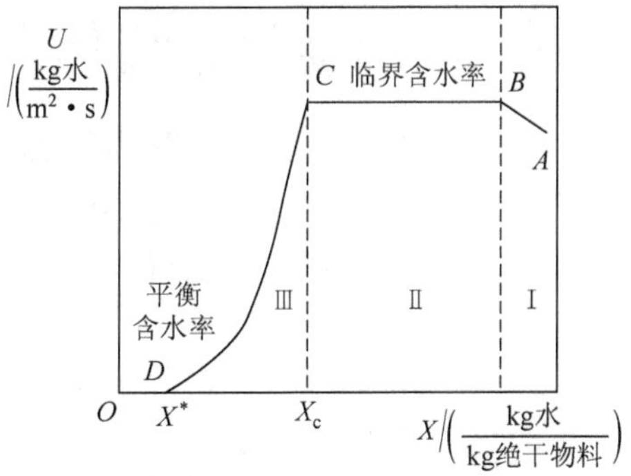

图 4.16　干燥速率曲线

3. 平衡含水量 X^* 与临界含水量 X_c 的测定

干燥速率为零时相应的含水量即为平衡含水量 X^*。

一般湿物料的干燥可分为恒速干燥和降速干燥两个阶段，由恒速干燥转为降速干燥相应的含水量为临界含水量 X_c。

四、实验装置及实验步骤

1. 实验装置一

空气由旋涡气泵输送，经孔板流量计、电加热器流入干燥器后排出。干燥器的前端装有干球温度计 t_1，用于显示进入系统的空气温度，t_1 由两组电加热器控制，分别为常开加热和控温加热，是系统的控温点。干燥器后端有干球温度计 t_2、湿球温度计 t_w，用以测量空气的状况，风机出口端的温度计用于测量流经孔板时的空气温度 t_0，此温度用于计算空气的流量。

1）设备主要技术参数

（1）洞道干燥器规格：120mm×120mm×1200mm。

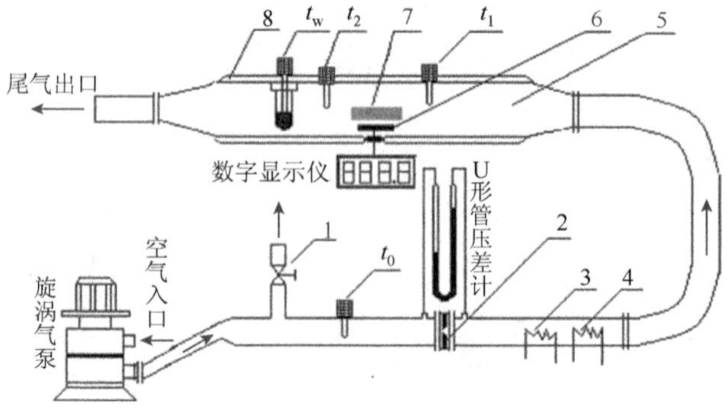

图 4.17　常压气流洞道干燥器流程图

1. 空气流量旁路调节阀；2. 孔板流量计；3. 加热电阻丝（常热）；4. 加热电阻丝（控温）；
5. 洞道干燥器；6. 称量传感器；7. 被干燥湿物料；8. 设备保温层

（2）旋涡气泵：最大流量 $50m^3/h$。

（3）加热器：每组电阻丝 2.0kW，最大电流不超过 4A，控温精度小于 1.0℃。

（4）称量传感器：精度等级 0.2 级，量程 0～200g。

2）实验步骤

（1）事先将试样放在电热干燥箱内，烘干至恒量，称取试样绝干质量 G_C。

（2）实验前将试样加水浸泡，让水分均匀扩散至整个试样。

（3）检查各测温铂电阻是否在正确的测温位置上。检查湿球温度计铂电阻上纱布浸水情况，若无水滴，将玻璃管内水加到指定孔口（约 20mL）。

（4）打开风机电源，调节空气流量旁路调节阀 1，使压差计读数达指定值，再开电加热器，开始加热升温时可加大两组电流，但不能大于 4A，当温度 t_1 接近指定值时，调节常开电流为 2～3A，控温电流 0～2A。

（5）当温度稳定后，注意观察质量显示仪读数，当读数稳定后，再调节零点电位器至零。

（6）当零点值和湿球温度计读数稳定后，记录零点值 G_{01} 及流量和各点温度值。将准备好的湿物料试样（注意不能带有水滴）放入干燥器内称量传感器的托架上，记录湿物料初重 G_s。

（7）用两块秒表（交替）在一定时间间隔内（1～2min）记录称量传感器的质量值。连续测试，直至较长时间间隔内（约 10min）物料质量保持不变达到平衡为止。

（8）干燥完毕，再次读取质量显示仪零点值 G_{02}。

（9）停止加热，风机继续运转几分钟，待温度降低（小于 50℃）再关风机。

2. 实验装置二

空气由鼓风机送入电加热器，经加热后流入干燥室，加热干燥室料盘中的湿物料后，经排出管道通入大气中。随着干燥过程的进行，物料失去的水分量由称量传感器转化为电信号，并由智能数显仪表记录下来（或通过固定间隔时间，读取该时刻的湿物料质量）。

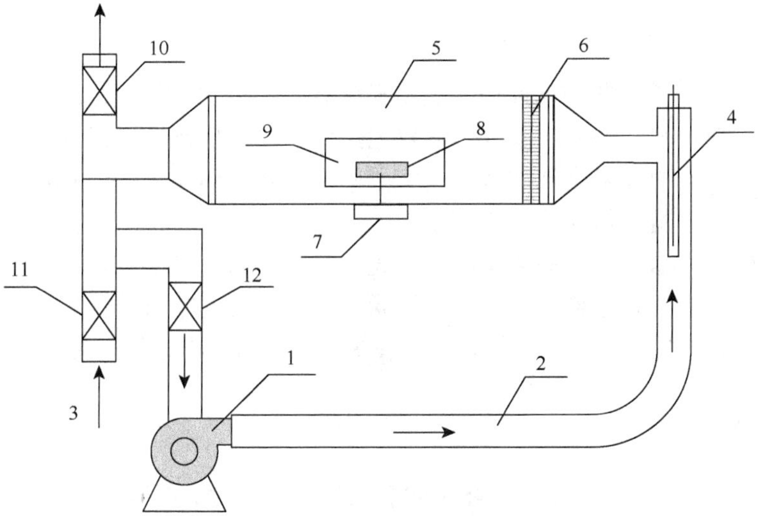

图4.18 干燥装置流程图

1. 风机；2. 管道；3. 进风口；4. 加热器；5. 洞道干燥器；6. 气流均布器；7. 称量传感器；8. 湿毛毡；9. 玻璃视镜门；10、11、12. 蝶阀

1）主要设备及仪器技术参数

（1）鼓风机：BYF7122，370W。

（2）电加热器：额定功率4.5kW。

（3）干燥室：180mm×180mm×1250mm。

（4）干燥物料：湿毛毡或湿砂。

（5）称量传感器：CZ500型，0～300g。

2）实验步骤

（1）开启总电源，打开仪表电源开关，打开风机电源，加热器通电加热。

（2）在U形湿漏斗中加满水（实验过程中应注意观察，保持液面高度不变），设定空气的干球温度（建议70～85℃），观察干燥室温度（干球温度）。

（3）将毛毡加入一定量的水并使其润湿均匀，注意水量不能过多或过少。

（4）当干燥室温度恒定在设定温度后，将湿毛毡十分小心地放置于称量传感器上。**放置毛毡时应特别注意不能用力下压，因称量传感器的测量上限仅为300g，用力过大容易损坏称量传感器。**

（5）记录数据，每分钟记录一次湿物料质量、干球温度、湿球温度和风量。

（6）待毛毡恒量时，即为实验终了，停止加热。

（7）风机继续运转几分钟，待干燥室温度降低（小于 50℃）后，关闭风机开关和仪表开关，切断总电源，清理实验设备。

五、操作注意事项

（1）称量传感器属贵重仪器且极易损坏。不能浸水及超重，严禁用手按压称量器上的托架；零点受系统温度影响较大，使用中要保持温度稳定。

（2）要保证湿球温度计玻璃管内有足够量的水，但不能超过孔口处，否则过量的水流入干燥器内损坏称量传感器。

（3）电加热器加热功率较大，必须先开风机，后开加热器，否则加热管可能会被烧坏。实验中要检查风机出口与干燥装置连接处的塑料软管是否畅通。

（4）实验过程中，不要拍打、碰扣装置面板，以免引起料盘晃动，影响结果。

六、实验报告内容

（1）根据实验结果，绘出干燥曲线和干燥速率曲线，明确注明干燥时的条件。

（2）求出物料的临界含水量 X_c（图上标出）及平衡含水量 X^*。

七、计算公式

1. 干燥速率

干燥速率方程的实验近似表示方法是用增量代替微分，即用 $\frac{\Delta X}{\Delta\theta}$ 代替 $\frac{dX}{d\theta}$，则

$$U=-\frac{G_C\Delta X}{A\Delta\theta} \tag{4-48}$$

负号表示物料含水量随干燥时间的增加而减少。此种方法可避免求取各点斜率的困难，但要求时间间隔尽量小。

其中

$$G_C\Delta X=G_{s,i}-G_{s,i+1} \tag{4-49}$$

式中：$G_{s,i}$、$G_{s,i+1}$——$\Delta\theta$ 时间间隔内开始和终了时湿物料的质量，kg。

2. 湿物料含水率

湿物料含水率为

$$X=\frac{X_i+X_{i+1}}{2}=\frac{G_{s,i}+G_{s,i+1}}{2G_C}-1\ （\text{kg/kg 绝干物料}） \tag{4-50}$$

式中：G_s——湿物料质量，$G_s=m_i-G_0$，kg；

m_i——称量器示值，kg；

X——相对于某干燥速率下的物料平均含水量。

称重传感器零点值 G_0 为

$$G_0 = \frac{G_{01} + G_{02}}{2}\text{(kg)} \tag{4-51}$$

式中：G_{01}、G_{02}——称量传感器始、终零点值。

八、思考题

（1）空气条件不变，增加风速，干燥速率如何变化？

（2）空气温度升高后，临界含水量如何变化？

（3）湿物料的平衡水分受哪些因素的影响？

（4）其他条件不变，湿物料最初含水量大时，对干燥速率曲线有何影响？

（5）在 70～80℃的空气流中干燥，经过相当长的时间，能否得到绝干物料？为什么？

（6）测定干燥速率曲线有何意义？它对设计干燥器及指导生产有什么作用？

表 4.19　实验 4.7 原始数据记录表

实验装置号________　试样物料________　试样尺寸________(mm)(长×宽×厚)

试样绝干质量 G_C=______(g)　称量传感器初值 G_0=______(g)　流量计示值 R=______(mmH$_2$O)

风机出口温度 t_0=______(℃)　干燥器前温度 t_1=______(℃)　干燥器后温度 t_2=______(℃)

湿球温度 t_W=________(℃)　时间间隔 $\Delta\theta$=________(min)

序号	1	2	3	4	5	6	7	8	9	10	11	12	13	14
称量器示值 m/g														
序号	15	16	17	18	19	20	21	22	23	24	25	26	…	
称量器示值 m/g														

表 4.20　实验 4.7 数据计算结果表

干燥面积 A=________(m^2)

序号	1	2	3	4	5	6	7	8	9	10	11	12	13	14
X/(kg/kg 绝干)														
U/[kg/(m^2·s)]														
序号	15	16	17	18	19	20	21	22	23	24	25	26	…	
X/(kg/kg 绝干)														
U/[kg/(m^2·s)]														

第5章　选 修 实 验

实验5.1　雷诺演示实验

一、实验目的

（1）建立层流和湍流两种流型以及流动处于过渡状态时的直观感性认识。

（2）建立圆形直管内层流时，速度分布的感性认识。

（3）计算雷诺数并比较雷诺数值与流动型态的关系，确定临界雷诺数。

二、实验内容

（1）以红墨水为示踪迹，以水为工作流体，在一定的阀门开度下（流速一定），观察红墨水质点在圆形玻璃直管内的运动轨迹。由此对层流、湍流、过渡状态的流体质点的运动特点获得直观的认识。

（2）观察流体在圆形玻璃直管内做层流运动的速率分布。

三、实验原理

雷诺实验揭示了重要的流体流动机理，当流体流速较小时，流体质点只沿流动方向做一维运动，与其周围的流体间无宏观的混合即分层流动，这种流动形态称为层流或滞流。流体流速增大至一定程度后，流体质点除流动方向（沿管轴方向）上的流动外，还向其他方向做随机的运动，即存在流体质点的不规则脉动，流体质点彼此混合并有旋涡生成，这种流动形态称为湍流或紊流。

层流与湍流是两种完全不同的流动型态。除流速 u 外，管径 d、流体黏度 μ 和密度 ρ 对流动型态也有影响，雷诺将这些影响流体流动型态的因素用雷诺数 Re 表示，即

$$\mathrm{Re}=\frac{du\rho}{\mu} \tag{5-1}$$

一般情况下：Re＜2000，层流区；2000＜Re＜4000，过渡区；Re＞4000，湍流区。

四、实验装置

玻璃测试管（管径不变）：d=20mm，L=88mm，有垂直、水平两种。

转子流量计：LZB 型，40～400L/h。

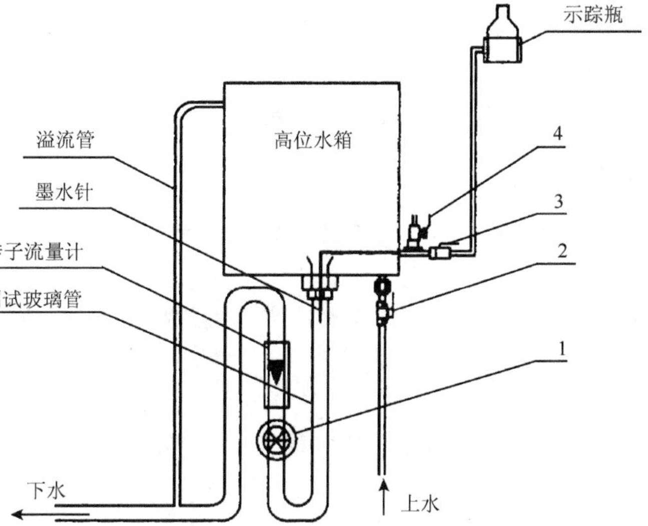

(a) 垂直玻璃测试管

1. 流量调节阀；2. 高位水箱进水阀；3. 墨水流量调节阀；4. 排气阀

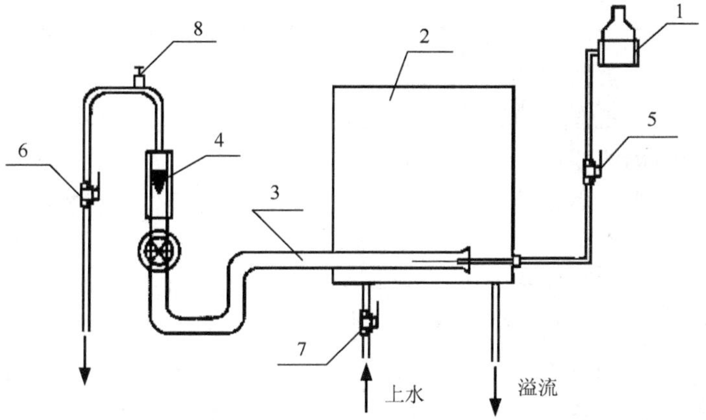

(b) 水平玻璃测试管

1. 示踪瓶；2. 稳压溢流水槽；3. 玻璃测试管；4. 转子流量计；5. 示踪剂调节阀；
6. 水流量调节阀；7. 上水调节阀；8. 放空阀

图 5.1 雷诺实验装置流程图

五、实验步骤

1. 实验前准备

（1）实验前高位水箱内注水至溢流，静止数小时（消除旋流，提高实验的准确度），将适量示踪剂（红墨水）加入储瓶内备用。

（2）对转子流量计进行标定，作流量标定曲线。

（3）用温度计测定水温。

（4）检查针头是否堵塞，红墨水是否沉淀。

2. 实验操作步骤

（1）关闭流量调节阀，打开进水阀，使水箱充满水并有一定的溢流，保证水箱内的液位恒定。

（2）打开墨水流量调节阀，排尽墨水管内的气泡，使墨水管内充满红墨水。

（3）调节进水阀使溢流管内维持尽可能小的溢流量。打开流量调节阀，让水缓慢流过玻璃管。

（4）缓慢调节墨水流量阀，让其从管中心注入玻璃管，墨水与水的流量大致相近。

观察：红墨水在管内的流动状况，红墨水在管中心形成一条平直的红色细流，如图 5.2（a）所示，流动型态为层流。可根据 $\mathrm{Re}=\dfrac{du\rho}{\mu}$ 计算相应的雷诺数。

（5）逐步增大进水阀和流量调节阀的开度，在维持尽可能小的溢流量下，提高通过玻璃管中的水流量。直至直线流动的红色细流开始发生波动时，可根据实际水流量计算临界雷诺数。

观察：红墨水在管内的流动状况，如图 5.2（b）和（c）所示。图 5.2（b）中，红线发生波动但仍维持一定形状，流型处在过渡状态。图 5.2（c）中，红墨水被分散成烟雾状，布满整个管道，则表明已转变为湍流流型。可根据实际水流量计算相应的 Re。

（6）以上步骤反复进行多次（至少五六次），以便取得较为准确的实验数据。

（7）关闭流量调节阀（仍保持一定的溢流量），打开墨水流量调节阀，使少量红墨水流入不流动的玻璃管入口端，扩散为 2～3cm 团状水层。稍稍开启流量调节阀（流量在层流范围），使红墨水缓慢随水运动，则可观察到红墨水团前端的界限，如图 5.3 所示，红墨水做层流流动的速率分布图。

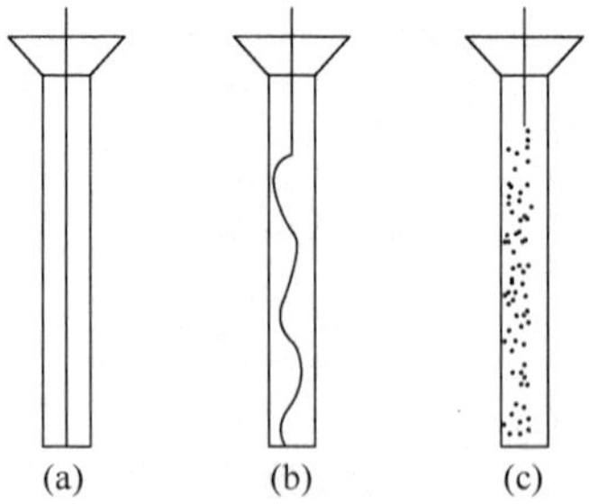

图 5.2　流动型态示意图

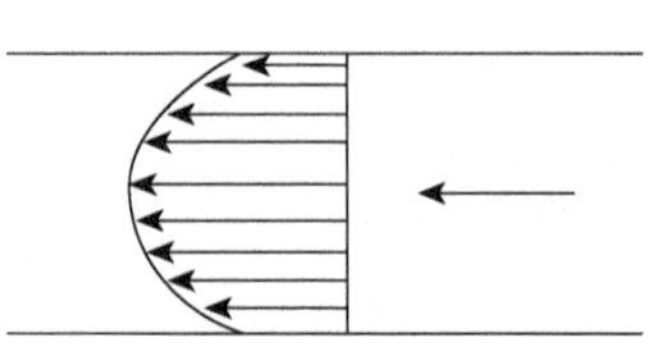

图 5.3　速率分布示意图

六、操作注意事项

（1）高位水箱内的水要保持静止，因此操作要轻巧缓慢，切勿碰撞设备，并保持实验环境安静，以免干扰流体流动过程的稳定性。

（2）水箱内的水溢流量大时，上水量也大，产生较大的振动，影响实验结果，特别是对层流流动影响更大，因此通过调节自来水给水量，应使水箱的溢流量尽可能小。

（3）适当调节注射针头的位置，使针头位于管轴线上为佳。红墨水的流速应与流体流速相近（略低些为宜），因此随着水流速的增大，相应地调节红墨水注射用量，才能得到较好的实验效果。

七、实验数据处理

表 5.1 实验 5.1 数据记录表

管内径 d=________mm 水温 t=________℃ 黏度 μ=________Pa • s

实验序号	流量/(L/h)	流速/(m/s)	临界雷诺数 Re	红墨水形态及流型
1				
2				
3				
⋮				

注：红墨水形态指稳定直线、稳定略弯曲、直线摆动、直线抖动、断续、完全散开等。

八、思考题

（1）为什么溢流水量要保持稳定？

（2）为什么实验过程中出水阀不允许回调？

（3）若红墨水注入管不设在玻璃管中心，能得到预期的效果吗？

（4）层流和湍流的本质区别在于流体质点运动方式不同，试简述两者的差异。

（5）流体在圆直管内流动时，能只用流速判断流体的流动形态吗？在什么条件下可只用流速的数值判断流动型态？

（6）影响流动型态的因素有哪些？研究流动型态有何意义？用 Re 判断流动型态的意义何在？

（7）实验过程中哪些因素会导致稳定的流型突然发生改变？为什么？

实验 5.2　流体机械能守恒演示实验

一、实验目的

（1）熟悉流体在管内流动时，位压头、静压头和动压头的概念和相互转换关系，深化对伯努利方程的理解。

（2）了解流体流动阻力的表现形式。

二、实验内容

在实验测试管路中，观察静压头随水平位置、流量等变化的规律，并验证伯努利方程。

三、实验原理

对于不可压缩流体，在管路中做定态流动时，若系统与环境无能量交换，流动过程中各种机械能之间的关系可用伯努利方程描述，即

$$gz_1+\frac{p_1}{\rho}+\frac{u_1^2}{2}=gz_2+\frac{p_2}{\rho}+\frac{u_2^2}{2}+\sum w_{\mathrm{f}} \tag{5-2}$$

式（5-2）以单位质量流体为衡算基准，各项单位是 J/kg。若以单位质量流体为衡算基准时，式（5-2）变形为

$$z_1+\frac{p_1}{\rho g}+\frac{u_1^2}{2g}=z_2+\frac{p_2}{\rho g}+\frac{u_2^2}{2g}+\sum h_{\mathrm{f}} \tag{5-3}$$

式（5-3）中的各项能量均以压头形式给出，单位为 m（液柱）。当流通截面积或位置发生变化时，将会引起静压头与动压头相互转化，这种转化可由相应的玻璃管中液柱高度指示出来。

四、实验装置

实验装置主要由实验导管、稳压溢流水槽和测压管组成。实验导管为不同高度的变径圆管，高度差为 12mm，管径为 19mm、32mm 和 16mm。测试管路分四处设置测压管，每处测压管由一对并列的测压管组成，分别测量该截面处的静压头和冲压头。

实验流程如图 5.4 所示，水由溢流水槽流入实验导管，排入储水箱循环使用，流量由阀 4 调节。阀 1、阀 2 控制溢流水箱的溢流量，以保持水箱内液面恒定，从

而保证流动体系在整个实验过程中维持稳定流动。

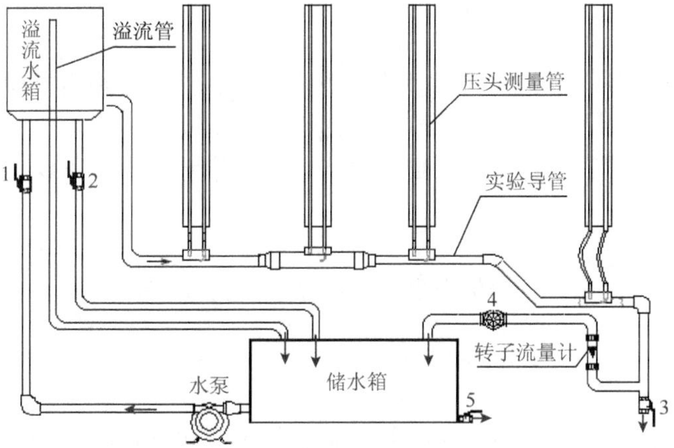

图 5.4　伯努利实验装置流程图

1. 泵出口阀；2. 溢流旁路控制阀；3、5. 排水阀；4. 实验导管流量控制阀

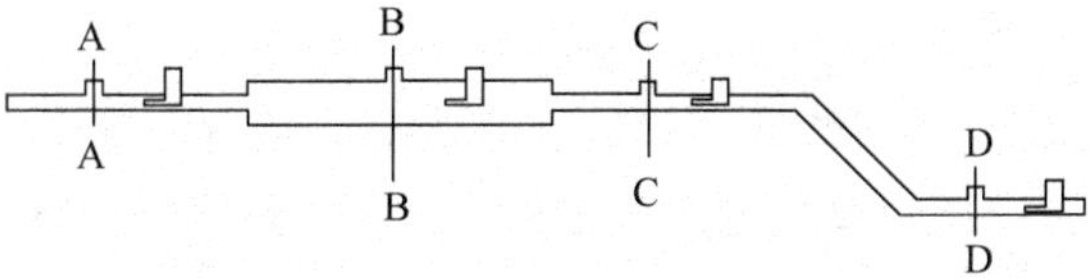

图 5.5　实验导管结构图

A～D 为四处测压装置

五、实验步骤

（1）储水箱充满水，关闭实验导管流量控制阀 4、排水阀 3，启动循环水泵，打开阀 1，使稳压溢流水箱灌满水。打开阀 4，排尽系统中的气泡，关闭阀 4 和循环水泵。

（2）关闭水泵出口阀 1、实验导管排水阀 3、阀 4，使系统内的液体处于静止状态。此时，可观察到实验导管上各测压管中的水柱高度都是相同的，且其液面与溢流水箱内的液面平齐。

（3）启动循环水泵，逐渐开启泵出口阀，调节流量至溢流水箱中有足够的溢流水溢出。缓慢开启实验导管流量控制阀 4，使导管内水开始流动，各测压管中的水柱高度将随之开始发生变化。可观察到各截面上的水柱高度差随着流体流量的增大而增大。这说明当流量加大时，流体流过导管各截面上的流速也随之加大。这就需要更多的静压头转化为动压头，表现为每对测压管的水柱高度差加大。同时，各对测压管的右侧管中水柱高度则随流体流量增大而下降，这说明流体在流动过程中，能量损失与流体流速成正比。流速越大，流体在流动过程中能量损失也越大。

六、思考题

（1）实验中如何测得某截面上的静压头和总压头？又如何得到相应的动压头？

（2）水在水平异径管中流动时，流速与管径的关系如何？

（3）若两测压截面距基准面的高度不同，两截面的静压差仅是由流动阻力造成的吗？

实验 5.3　流线演示实验

一、实验目的

观察流体经过有弯曲、突然扩大或缩小的流道或绕过物体流动时的边界层分离，形成旋涡的现象。

二、实验内容

观察流体流过孔板、喷嘴、转子、文丘里管、三通、弯头、阀门，经过有弯曲、突然扩大或缩小的流道或绕过换热器管束时的边界层分离，形成旋涡的现象，并定性考察其与流速的关系。

三、实验装置

实验装置主要是由六组不同的流道（图 5.6）组成的面板，流体（水和空气）由水泵和气泵输送。实验装置示意图、流线演示实验装置示意图分别如图 5.7 和图 5.8 所示。

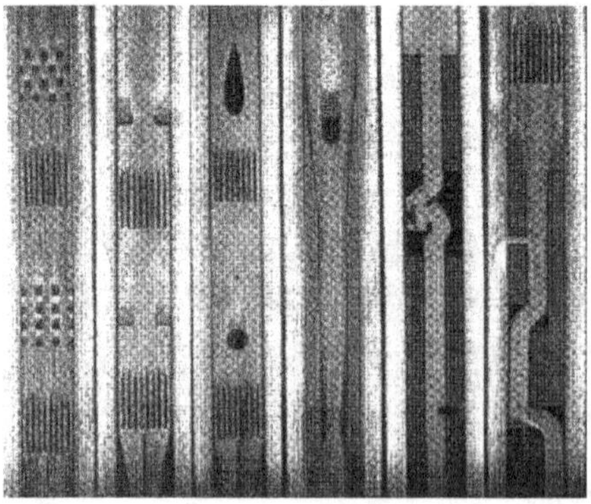

图 5.6　流道形状图

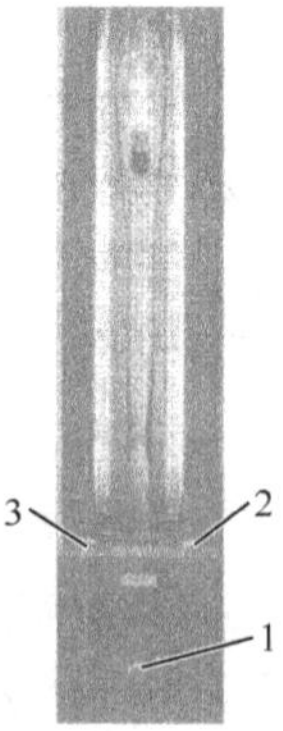

图 5.7　实验装置示意图

1. 流量调节阀；2. 吸气量调节阀；3. 注水口

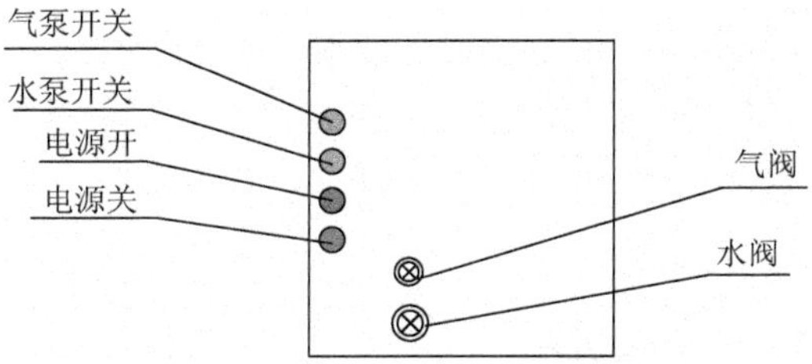

图 5.8　流线演示实验装置示意图

四、实验步骤

（1）实验前，将蒸馏水加入储水箱中，使水位达到水箱高度的 2/3。

（2）启动电源开关，打开水泵和气泵调节旋钮，启动气泵开关，再启动水泵，调节进水和进气旋钮，使水流中有小气泡出现。

（3）观察水在流动过程流线的变化形式与旋涡的形成。

（4）继续调节水泵调节旋钮，观察不同流速下流线的变化形式与旋涡的大小。

五、操作注意事项

注意水泵与气泵的开关顺序，开启时，先开气泵再开水泵，关闭时，先关水泵再关气泵，以免水进入到气泵内。

六、思考题

（1）在输送流体时，为什么要避免旋涡的形成？

（2）为什么在传热、传质过程中要形成适当旋涡？

实验 5.4　板式塔流体力学实验

一、实验目的

（1）了解板式塔的基本结构和塔板（泡罩、浮阀、筛孔）的基本结构。

（2）了解气液两相在全塔和塔板上的流动与接触情况。

（3）对漏液、过量液沫夹带、液泛等操作极限建立直观的感性认识。

（4）测定塔板流体力学性能。

二、实验内容

（1）用水和空气进行冷模实验，通过调节气速和液速，观察塔的正常操作现象以及漏液、过量液沫夹带、液泛等不正常操作现象。

（2）测定塔板压降、漏液量、液沫夹带量。

三、实验原理

在板式塔中，塔板对生产能力、分离效率、操作弹性等均有较大的影响，表征塔板性能的参数有许多，本实验中重点研究以下几个参数。

1. 塔板压降

塔板压降对塔板性能有着重要的影响，特别是在真空精馏时，因全塔压降小于 101.325kPa，各板的板压降值有明显的限制。实验中可用压差计测取板压降。

2. 漏液

正常操作的塔允许一定的漏液，但漏液量过大会导致塔板上形不成稳定的液层，不能保证气液两相充分接触，致使板效率明显下降。

漏液量可用称量法进行测量，漏液分率计算方法为

$$Q\% = \frac{Q \times 60}{L \times l_W \times \rho_L} \times 100\% \tag{5-4}$$

式中：Q——漏液量，kg/min；

L——液流强度，$m^3/(m \cdot h)$；

l_W——溢流堰堰长，m；

ρ_L——液相密度，kg/m^3。

3. 雾（液）沫夹带

雾沫夹带是一种空间反向流动，造成液相返混。这种返混现象导致板效率下降，还会将不挥发的杂质逐层送到塔顶，造成塔顶产品污染。

若为了完全防止雾沫夹带，采用非常低的气速或大幅度增加板间距，都是不可取的，生产中一般将雾沫夹带量限制在一定范围。

雾沫夹带分率可按式（5-5）计算。

$$\varphi = \frac{e}{u \times A \times 60 \times \rho_G} \times 100\% \tag{5-5}$$

式中：e——被夹带的液体量，kg/min，可用称量法测量；

u——空塔气速，m/s；

A——塔截面积，m^2；

ρ_G——气体密度，kg/m^3。

四、实验装置

实验装置共有三套不同塔板型式的塔，分别为筛板塔、泡罩塔、浮阀塔。板式塔水力学实验装置流程图如图 5.9 所示。

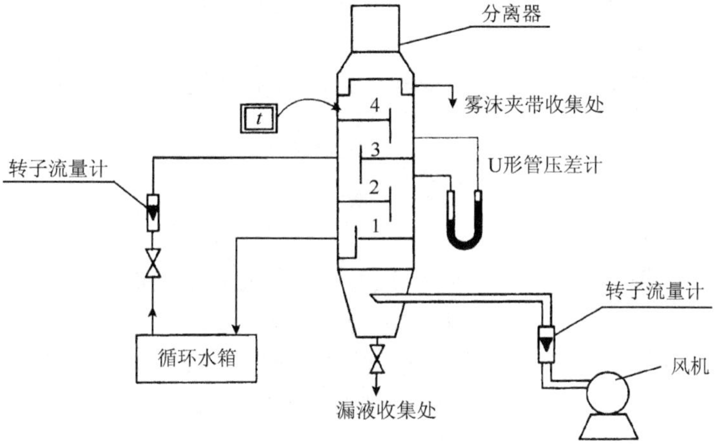

图 5.9　板式塔水力学实验装置流程图

1～4. 塔板；*t*. 测量显示器

装置参数如下。

塔径为 Φ300mm，板间距为 300mm，筛板筛孔为 Φ8mm，开孔率为 10%。

平直堰：堰长为 200mm，堰高为 25mm。

最大液流量为 6m^3/h，最大空塔气速为 1.5m/s。

液体流量计：LZB-DN50，0.4～4m^3/h。

气体流量计：LZB-DN100，120～600m^3/h。

五、实验步骤

具体操作步骤如下：

（1）开启风机，用转子流量计调节气流速度。

（2）开启循环水泵，用转子流量计调节流量。

（3）调节液体流量计为某定值，改变气体流量由小到大取若干实验点，在每一实验点分别测取塔板压降、漏液量及雾沫夹带量，并观察相应的实验现象（包括漏液、正常操作、过量液沫夹带、液泛等现象）。

（4）改变液体流量，重复步骤（3）。

（5）塔板压降由 U 形管压差计读取，漏液量及雾沫夹带量用称量法测取。

六、实验报告内容

根据实验结果在双对数坐标纸上绘出如下曲线：

（1）塔板压降曲线 Δp-u。

（2）雾沫夹带曲线 φ-u。

（3）漏液曲线 $Q\%$-u。

可选择适当的计算模型，将实验数据通过计算机关联得到关联式以供设计使用。

七、思考题

（1）在板式塔中，气液两相的传质面积是固定不变的吗？

（2）水流量过小或过大对实验现象有何影响？

（3）雾沫夹带分率还有其他定义方式吗？若有实验应测定哪些有关参数？

（4）是否可用增大气速的方式完全防止漏液？这样做会带来什么后果？

（5）液泛严重时将会出现什么现象？

表 5.2　实验 5.4 原始数据记录表

实验装置号________　塔板型式________　塔径________(mm)　堰长 l_W=________(mm)

板间距________(mm)　开孔率________　温度________(℃)　大气压________(mmHg)

序号	流量计		U 形管		雾沫夹带		漏液	
	液体/(m^3/h)	气体/(m^3/h)	左	右	时间/min	液体量/kg	时间/min	液体量/kg
1								
2								
3								
⋮								

表 5.3　实验 5.4 实验结果记录表

液相密度 ρ_L=________(kg/m^3)　气体密度 ρ_G=________(kg/m^3)　塔截面积 A=________(m^2)

序号	空塔气速	塔板压降	雾沫夹带		漏液		
	u/(m/s)	Δp/mmH_2O	夹带液量 e /(kg/min)	夹带分率 φ/%	漏液量 Q /(kg/min)	液流强度 L /(m^2/h)	漏液分率/%
1							
2							
3							
⋮							

实验 5.5　流量计标定实验

一、实验目的

（1）了解孔板流量计和转子流量计的构造、工作原理和主要特点。

（2）掌握这两种流量计的校正方法及孔板流量计流量系数 C_0 的关系曲线确定方法。

（3）测定孔板流量计的流量标定曲线。

（4）标定转子流量计的流量并进行误差计算。

二、实验原理

孔板流量计是利用流体通过孔板的节流作用，使流体的流速增大，压力减小，造成孔板前后产生压力差而测量流体流量的一种方法。流体通过孔板流量计时在流量计上、下游孔板孔口之间产生压力差，它与流量的关系为

$$V_s = C_0 A_0 \sqrt{\frac{2(p_1 - p_2)}{\rho}} \tag{5-6}$$

$$u_0 = C_0 \sqrt{\frac{2\Delta p}{\rho}} \tag{5-7}$$

式中：V_s——被测流体（水）的体积流量，m^3/s；

C_0——流量系数或孔流系数，无因次；

A_0——流量计节流孔截面积，m^2；

p_1、p_2——流量计上、下游两取压口处的压力，Pa；

ρ——被测流体（水）的密度，kg/m^3。

流量计的标定可以使用直接法实测流过流量计的流量，称为实流标定法。对液体来说，最常用的是称量式标定和采用标准流量计标定两种方法。其中，称量式标定方法是最基本的一种方法，它是将流过孔板流量计的液体在稳定的流速下收集在槽内并进行称量，按一定时间计算量，计算出实际流量。对转子流量计，将流量计指示值与实测值各点作比较，并进行误差计算；对孔板流量计，要采用测定流经孔板前后的压力降，并将此值与实测流量进行标定即可得到标定曲线。

将转子流量计与孔板流量计串联在管路中，在某一流量下，可在转子流量计读出其流量值，在孔板流量计读出上、下游压差值，用计量桶、电子秤、计时器测取管道内的真实流量，此为标准流量。这样取若干实验点，可将压差计读数 Δp 和流量 V_s 绘制一条曲线，即孔板流量计的流量标定曲线。

实验过程中要测定流体的温度、压力，以便换算密度值用。

三、实验装置

离心泵：SZ037 型，不锈钢，流量 $3m^3/h$，扬程 12m，管道内径 20mm，不锈钢管。

转子流量计：LZB-25 型，量程 60～600L/h。

孔板流量计：孔径 6mm。

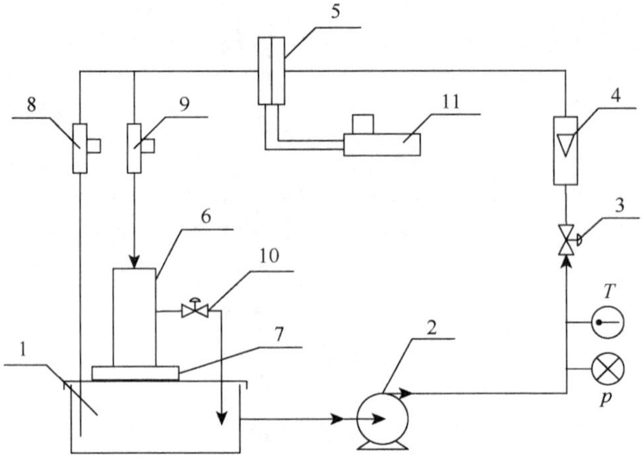

图 5.10　流量计标定流程图

1. 水槽；2. 离心泵；3. 备用阀；4. 转子流量计；5. 孔板流量计；6. 计量桶；7. 电子秤；8、9. 电磁阀；10. 放水阀；11. 压差变送器；*T*. 温度；*p*. 压力

四、实验步骤

（1）把水箱储满水，打开控制柜面板上的电源总开关及各分开关。

（2）关闭计量桶上放水阀 10，电子秤显示在毛重状态下的质量，按下电子秤控制面板上的 TARE 键可显示为零。

（3）打开备用阀 3，并将其开到最大（正常操作室，在整个实验过程中保持不变），打开变频器的开关，离心泵开始工作，此时，水流经整个管路循环至水箱（系统默认）。

（4）离心泵的流量由变频器调节。扭动变频器的电位器旋钮即可调节流量大小，频率可在 0～50Hz 范围内变化，频率大小可从显示仪表上读出。

（5）设定计时器的工作时间。继电显示器上面 4 位数字表示电磁阀 8 的开启时间，下面 4 位数字表示电磁阀 9 的开启时间。设定完毕，按下 RST 键后，继电器就按照设定的时间开始工作。

（6）当阀 9 开启、同时阀 8 关闭时，向计量桶内注水，到达阀 9 的设定时间，阀 9 自动关闭、阀 8 自动开启，在阀 8 设定的时间内，读取电子秤的读数、转子流量计读数和孔板流量计测得的压力差。然后打开计量桶放水阀 10 排水至水箱，排空后，再按下 TARE 键清零，关闭阀 10，继续进行下一个流量的测量［重复步骤（3）、（4）、（5）即可］。

（7）本实验共测取 10～15 个点即可结束实验。

（8）实验结束后，调节变频器的电位器旋钮至零，关闭控制柜面板上的各分开关和电源总开关，切断电源，清理实验设备。

五、实验数据处理

（1）原始数据记录表。

表 5.4 实验 5.5 实验结果记录表

序号	频率/Hz	转子流量/(L/h)	压力/MPa	水温/℃	水重/kg	时间/s	孔板压差/kPa	流量/(kg/s)	流量系数 C_0
1									
2									
3									
⋮									

（2）数据处理举例：

序号	频率/Hz	转子流量/(L/h)	压力/MPa	水温/℃	水重/kg	时间/s	孔板压差/kPa	流量/(kg/s)	流量系数 C_0
1	11.9	100	0.031	20	9.48	300	0.8	0.0316	0.884
2		200							
3		300							

孔板流量计流量系数计算举例：

$$A_0 = \frac{\pi}{4}d^2 = \frac{\pi}{4} \times 0.006^2 = 2.826 \times 10^{-5} (\mathrm{m}^2)$$

$$C_0 = \frac{V_s}{A_0\sqrt{\dfrac{2\Delta p}{\rho}}} = \frac{m_s / \rho}{A_0\sqrt{\dfrac{2\Delta p}{\rho}}} = \frac{0.0316 \times 10^{-3}}{2.826 \times 10^{-5} \times \sqrt{\dfrac{2 \times 0.8 \times 10^3}{10^3}}} = 0.884$$

转子流量计的误差计算举例：

序号	转子读数/(L/h)	标定值	差值	误差/%
1	100	113.76	13.76	12.1
2	200			
3	300			

（3）在合适的坐标系上绘制出孔板流量计压差计读数 Δp 和流量 V_s 的关系曲线（流量标定曲线）。

六、思考题

（1）怎样排除管路系统中的空气？如何检验系统内的空气已经被排除干净？

（2）为什么本实验数据需在双对数坐标纸上标绘？

（3）假设将本实验中的工作介质水换为理想流体，各测压点的压力有何变化？为什么？

（4）本实验用水为工作介质作出的 λ-Re 曲线，对其他流体能否使用？为什么？

（5）影响直管阻力的因素是什么？如何影响？

实验 5.6　正交试验法过滤实验

一、实验目的

（1）学习用正交试验法设计安排实验。

（2）初步掌握对正交试验法的实验结果进行科学的分析，了解适宜操作条件的确定方法。

二、实验内容

（1）设定实验指标、因素和水平。因课时所限，采取由 4 个实验组（4 套实验装置）共同完成一个正交表。故统一规定实验指标为恒压过滤常数 K，因素包括压力差、滤浆浓度、过滤温度、过滤介质，其中除滤浆浓度可选二水平或四水平外，其他因素的水平均按表 5.5 选取，并假定各因素之间无交互作用。

表 5.5　正交试验的因素和水平

因素 / 水平	压力差 Δp/MPa	滤浆浓度 w/%	过滤温度 t/℃	过滤介质 M
1	0.02	5	30	单层滤布
2	0.04	10	45	双层滤布
3	0.06	15		
4	0.08	20		

（2）根据因素及水平正确选择正交表并进行表头设计，填入与各因素水平对应的数据，形成直观的“实验方案”表格。

（3）分组进行实验，测定各个实验条件下的过滤常数 K、q_e、θ_e。

（4）分析 K 随各因素的变化趋势，以提高过滤速率为目标，确定适宜的操作条件。

三、实验原理

过滤常数 K 是衡量过滤过程非常重要的参数，影响 K 的主要因素有压力差 Δp、滤浆浓度 c、过滤温度 t 和过滤介质，要探讨各因素对 K 的影响，传统的方法是改变其中一个因素，固定其他因素，若每个因素变化 n 次，则需做 4^n 次实验，工作量巨大，各种消耗惊人。采用正交法安排实验，可大幅度减少实验次数，降低消耗，收到事半功倍的效果。正交试验法原理详见有关论著，实验条件固定时，K、q_e、θ_e 值的测定计算方法可详见第 4 章实验 4.3。

本实验装置，一般以计量瓶中收集的滤液量达到 100mL 时作为恒压过滤时间的零点。在此之前，管线中已有的滤液再加上计量瓶中 100mL 滤液，可视为常量（用 q' 表示），这些滤液对应的滤饼可视为过滤介质以外的另一层过滤介质。在整理数据时，应考虑进去，则方程变为

$$\frac{\Delta\theta}{\Delta q}=\frac{2}{K}q_m+\frac{2}{K}(q_e+q') \tag{5-8}$$

$$q'=\frac{V'}{A} \quad \text{（各套} V' \text{为 200mL）}$$

四、实验装置

实验共有 4 套装置，可同时进行不同浓度滤浆的过滤实验。装置配有真空泵、

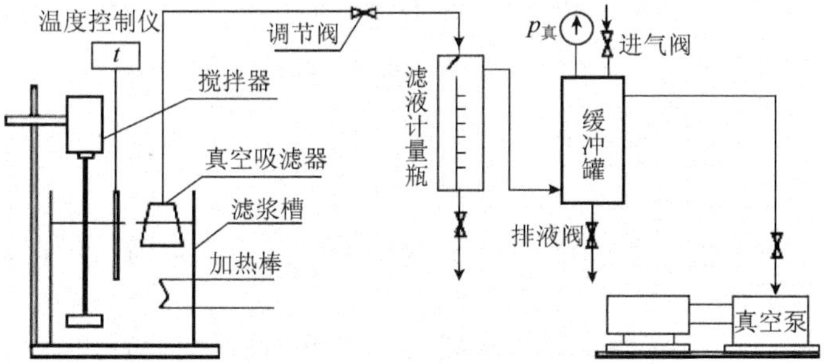

图 5.11 正交试验法过滤实验流程图

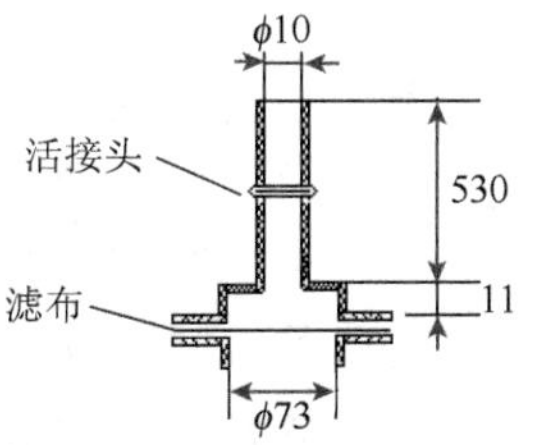

图 5.12 过滤器结构图

滤浆槽、滤液计量瓶、仪表控制柜，滤浆槽内装有电动搅拌器、加热器、真空吸滤器。

滤浆的温度，用温度控制器调节加热器电压来控温；真空吸滤器的过滤面积为 0.004 18m^2。

五、实验方法及步骤

1. 实验方法

（1）一个正交表的实验是由 4 台装置共同完成，每台装置完成正交表中 4 个实验号的实验。

（2）同一滤浆槽内，先做低温，后做高温。两个滤浆槽内同一水平的温度应相等。

（3）实验前要认真核对，所做的实验是否符合正交表中因素和水平的规定。

2. 操作步骤

（1）开动电动搅拌器，将滤浆槽内碳酸钙滤浆搅拌均匀（转速不宜过大，否则旋涡太大，滤浆会有气泡），将真空吸滤器按图示安装好，放入滤浆槽中，注意滤浆要浸没吸滤器。

（2）启动电加热器，设置仪表温度，加热升温稳定后，打开进气阀，关闭调节阀。

（3）启动真空泵。调节进气阀，使真空表读数恒定于指定值，然后打开调节阀，进行抽滤，待计量瓶中收集第一滴滤液时，按表计时，作为恒压过滤零点。记录滤液每增加 100mL 所用的时间。当计量瓶读数为 800mL 时停表并立即关闭调节阀。

（4）打开缓冲罐上进气阀和排液阀，待真空表读数降到零时，停真空泵。打开调节阀，利用系统内大气压把吸附在吸滤器上的滤饼卸到槽内。放出计量瓶内滤液，并倒回滤浆槽内。卸下吸滤器清洗待用。

（5）结束实验后，关闭电加热器、电动搅拌器电源，清洗真空吸滤器并使设备复原。

六、操作注意事项

（1）每组实验结果的好坏都会对整个大组的实验结果产生重大影响，因此每组都应认真实验，切不可粗心大意!

（2）放置真空吸滤器时，一定要把它浸没在滤浆中，并且要垂直放置，防止吸入气体。

（3）开关玻璃旋塞时，不要用力过猛，不许向外拔，以免损坏。

（4）每次实验后应该把吸滤器清洗干净。

七、实验报告内容

（1）查阅文献，根据表 5.5 中的因素和水平正确选择正交表并进行表头设计，在表 5.8 中填入与各因素水平对应的数据，形成直观的“实验方案”表格。

（2）列出全部过滤操作的原始数据，表格由各组统一设计。

（3）用最小二乘法或作图法求解正交表中一个实验的 K、q_e、θ_e。

（4）画出表示 K 随各因素水平变化趋势的曲线图。

（5）确定适宜的操作条件。

八、思考题

（1）为什么每次实验结束后，都得把滤饼和滤液倒回滤浆槽内？

（2）本实验装置真空表的读数是否真正反映实际过滤推动力？为什么？

（3）恒压过虑时，过滤速率随时间如何变化？生产能力与过滤时间之间是否存在正比关系？

表 5.6 实验 5.6 原始数据记录表

实验装置号________ 滤浆浓度________ 过滤面积________(m^2)

滤液量/mL 实验号	100	200	300	400	500	600	700	800
	时间间隔 $\Delta\theta$/s							
1								
2								
3								
⋮								

表 5.7 实验 5.6 一组实验数据计算过程表

序号 项目	1	2	3	4	5	6	7	8
q_m/m								
Δq/m								
$\Delta\theta/\Delta q$/(s/m)								

表 5.8　正交试验结果记录表

装置号	列号	压差 Δp/MPa	浓度 c/w%	温度 t/℃	过滤介质 M	$K/(m^2/s)$	q_e/m	θ_e/s
①	1							
②	2							
③	3							
④	4							
①	5							
②	6							
③	7							
④	8							
①	9							
②	10							
③	11							
④	12							
①	13							
②	14							
③	15							
④	16							

实验 5.7　传热综合实验

一、实验目的

（1）熟悉套管换热器、列管换热器、板式换热器的结构特点。

（2）掌握换热器性能的测定方法。

（3）强化冷热流体流量及流动方向对换热器性能影响的理解。

二、实验内容

（1）测定冷、热流体的流量，进、出口温度，计算换热器的热负荷和套管换热器、列管换热器的总传热系数 K。

（2）保持流量不变，在套管换热器中分别采用逆流和并流，由实验数据计算平均推动力 Δt_m。

（3）在套管换热器内，增加冷热流体的流量，考察总传热系数 K 的变化。

三、实验原理

表征传热过程的主要参数有热负荷 Q、平均推动力 Δt_m、总传热系数 K 和传热面积 A，它们之间的关系可用传热速率方程描述：

$$Q = KA\Delta t_m \tag{5-9}$$

对某一特定的换热器而言，其 A 值固定。

热负荷 Q 可用热量衡算确定，当冷热流体均无相变时，Q 可用式（5-10）计算。

$$Q = m_{热} c_{p热}(T_1 - T_2) = m_{冷} c_{p冷}(t_2 - t_1) \tag{5-10}$$

测定出冷、热流体的进、出口温度后，可按下述方法计算平均推动力 Δt_m。

$$\Delta t_{m逆} = \frac{\Delta t_1 - \Delta t_2}{\ln \dfrac{\Delta t_1}{\Delta t_2}} \tag{5-11}$$

$$\Delta t_m = \varepsilon_{\Delta t} \Delta t_{m逆} \tag{5-12}$$

计算出相应的平均推动力 Δt_m，总传热系数 K 可用式（5-13）计算。

$$K = \frac{Q}{A\Delta t_m} \tag{5-13}$$

当管壁热阻和污垢热阻忽略不计时

$$\frac{1}{K} = \frac{1}{\alpha_{热}} + \frac{1}{\alpha_{冷}} \tag{5-14}$$

式中：α——对流传热系数，W/(m^2 • ℃)，流体在管内湍流时 $\alpha = Bu^{0.8}$，u 为管内流速，m/s。

四、实验装置

实验装置采用热水-冷水进行热交换，如图 5.13 所示。冷水可用阀门换向进行并、逆流实验。热水加热采用电加热方式。冷、热流体的进、出口温度采用 Pt100 加智能多路液晶巡检仪表进行测量显示，采用自控系统进行实验数据采集与控制，如图 5.14 所示。

实验装置参数如下。

（1）换热器换热面积：套管式换热器 0.422m^2；板式换热器 0.45m^2；列管式换热器 0.6m^2。

（2）电加热管总功率：6kW。

（3）冷、热水泵：允许工作温度＜80℃；额定流量 2000L/h；扬程 20m。

（4）涡轮流量计：型号 LWGY-10；允许工作温度 0～80℃；流量 200～1200L/h。

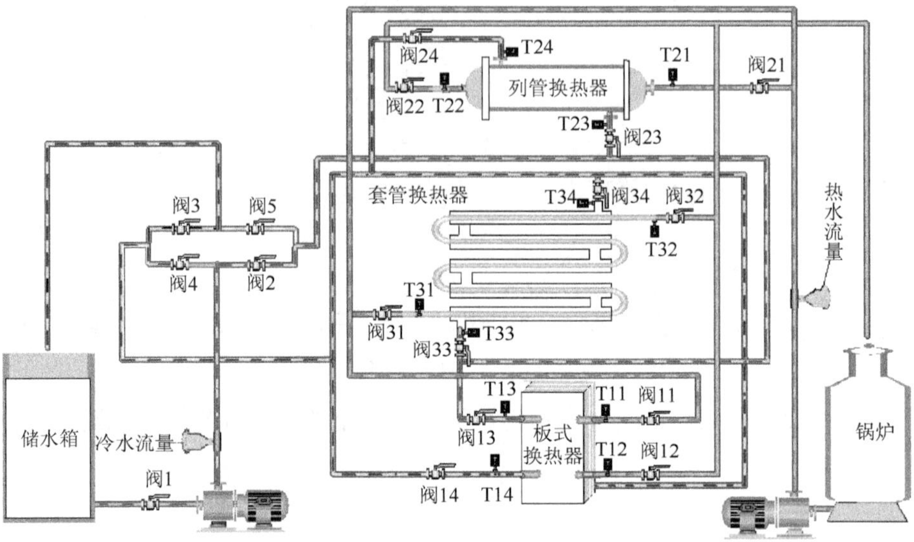

图 5.13 换热器综合实验装置流程示意图

T 表示测温点；图中的数字组合第 1 位数字表示：1. 板式换热器，2. 列管换热器，3. 套管换热器；第 2 位数字表示顺序号

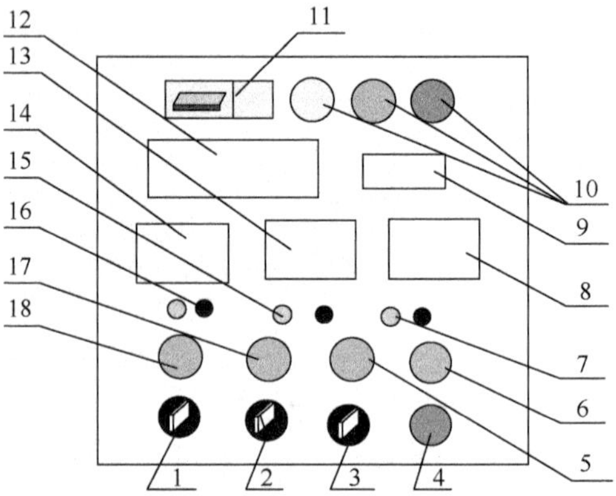

图 5.14 仪表控制板

1. 仪表电源开关；2. 冷水泵电源开关；3. 热水泵电源开关；4. 电加热锅炉电源停止按钮；5. 热水泵指示灯；6. 电加热锅炉电源启动按钮；7. 锅炉温度手自动切换；8. 锅炉温度控制仪；9. 加热管电压指示表；10. 指示灯；11. 带漏电保护空气开关；12. 温度液晶巡检仪；13. 热水流量控制仪；14. 冷水流量控制仪；15. 热水流量手自动切换及手动调节旋钮；16. 冷水流量手自动切换及手动调节旋钮；17. 冷水泵指示灯；18. 仪表电源指示灯

五、实验步骤

1. 实验前准备

（1）给电加热锅炉及冷水箱加足够量的水。

（2）按并流（或逆流）方式调整冷水换向阀门的开或关。

（3）打开所要实验的换热器相关阀门，关闭其他换热器的相关阀门。

2. 实验操作

（1）锅炉温度控制。打开总电源开关、锅炉加热开关，开始加热水，温度控制在 70℃左右。

①手动控制：将“锅炉温度手自动切换”打到手动位置，调节手动调节旋钮，控制温度。

②自动控制：将“锅炉温度手自动切换”打到自动位置，锅炉温度自动控制仪控制温度。

（2）待锅炉温度达到预定值后，打开冷、热水泵电源开关。

（3）冷、热水流量的调节控制。

①手动控制：将“冷、热水流量手自动切换”开关，分别打到手动位置，然后通过调节各自的手动调节旋钮，控制流量。

②自动控制：将“冷、热水流量手自动切换”开关，分别打到自动位置，实验在监控及过程控制下进行。

（4）调节若干次冷、热水流量（在流量控制范围合理布点），稳定后记录冷、热水进出口温度。

（5）改变流动方向（并-逆流），再重复上述步骤进行实验。

（6）实验结束后，停止锅炉加热，10min 后切断所有电源。

3. 实验参数控制范围

（1）锅炉温度控制范围 60～70℃。

（2）热水流量控制范围 0～1000L/h。

（3）冷水流量控制范围 0～1000L/h。

六、操作注意事项

（1）热流体加热温度不得超过 80℃。

（2）不得让泵空转或堵转，严禁水泵无水运行，否则会严重损坏水泵。

（3）电加热锅炉要加足够量的水，切勿干烧。

七、实验报告内容

（1）根据实验数据计算三种换热器的热负荷。

（2）计算套管换热器和列管换热器的 K 值。

（3）计算逆流和并流时套管换热器的平均推动力 Δt_m 并进行对比。

（4）通过计算分析，流量的变化对 K 的影响。

（5）对三种换热器传热性能进行对比比较。

八、思考题

（1）实验中有哪些因素会影响操作的稳定性与实验结果的准确性？

（2）利用套管换热器加热冷流体时，分别采用逆流和并流，哪种流动方式冷流体出口温度较高？

（3）板式换热器的 Δt_m 是否达到了最大值？为什么？

（4）强化换热器的传热过程，应从哪几个方面考虑？

表 5.9　实验 5.7 原始数据记录表

实验装置号________　室温________(℃)　大气压________(mmHg)

序号	冷流体流量/(L/h)	热流体流量/(L/h)	套管换热器（并流）温度/℃				套管换热器（逆流）温度/℃			
			冷流体		热流体		冷流体		热流体	
			t_1	t_2	T_1	T_2	t_1	t_2	T_1	T_2
1										
2										
3										
⋮										
序号	冷流体流量/(L/h)	热流体流量/(L/h)	列管换热器温度/℃				板式换热器温度/℃			
			冷流体		热流体		冷流体		热流体	
			t_1	t_2	T_1	T_2	t_1	t_2	T_1	T_2
1										
2										
3										
⋮										

表 5.10　实验 5.7 实验数据计算结果表

序号	套管换热器（并流）			套管换热器（逆流）			列管换热器			板式换热器		
	热负荷 Q/(kJ/s)	K/[W/(m² • ℃)]	Δt_m/℃	热负荷 Q/(kJ/s)	K/[W/(m² • ℃)]	Δt_m/℃	热负荷 Q/(kJ/s)	K/[W/(m² • ℃)]	Δt_m/℃	热负荷 Q/(kJ/s)	K/[W/(m² • ℃)]	Δt_m/℃
1												
2												
3												
⋮												

实验 5.8　蒸发综合实验

一、实验目的

（1）熟悉升膜蒸发器的结构及操作方法。

（2）测定不同操作条件下的蒸发传热膜系数 α。

（3）通过实验分析影响 α 的因素，了解工程上强化蒸发传热的措施。

（4）对比分析升膜蒸发器的特点与适用性。

二、实验内容

（1）用纯净水作料液，通过改变加热量，使蒸发量不断增加，观察流型的变化。

（2）改变加热电压，测定蒸发传热膜系数。

（3）改变纯净水流量，测定蒸发传热膜系数。

三、实验原理

蒸发是利用加热的方法使溶液中的溶剂沸腾气化，并将其移出的一种单元操作，此过程所采用的设备即为蒸发器。

尽管蒸发操作的目的是将溶液中不挥发的溶质与挥发性的溶剂分离，但其过程中溶剂气化的速率取决于传热速率，故蒸发操作属于传热过程。蒸发器实质上也是一种换热器，壳侧为蒸气冷凝（或其他形式的热量传递），管侧为液体沸腾的传热过程。管侧液体沸腾多为管内液体沸腾给热，其基本计算公式为

$$Q = Wr \tag{5-15}$$

$$\alpha = \frac{Q}{A\Delta t_m} \tag{5-16}$$

式中：Q——蒸发器的热流率，kJ/s；

W——蒸发水量，kg/s；

r——气化潜热，kJ/kg；

α——管内蒸发传热系数，W/(m^2 • ℃)；

A——蒸发器的传热面积，m^2；

Δt_m——平均传热温差，℃。

若管内流体的主体温度为 t_b，管壁面的温度为 t_w，则有

$$\Delta t_m = t_w - t_b \tag{5-17}$$

由于管内沸腾给热涉及的气液两相流动远比大容积饱和沸腾复杂，在蒸发管内，沿管长气泡逐渐增多，两相流动依次经历泡状流、弹状流、搅动流和环状流等流动状态（图 5.15）。在环状流动过程中，气体集中于蒸发管芯部，管壁面处形成极薄的液膜快速流动，且湍动激烈，传热系数很高。若蒸发管足够长，液膜最终将被蒸干，气流夹带着雾滴形成雾状流，此时，传热系数将趋于下降。因此，为提高管内的平均沸腾给热系数，应尽可能地扩展环状流动区域。

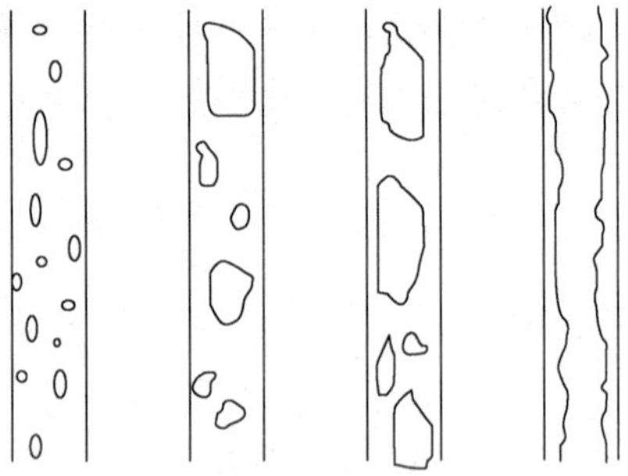

图 5.15　垂直管内两相流型示意图

值得指出的是，在蒸发过程中由于不挥发性溶质的存在，在相同压力下，溶液的沸点升高。在壁面温度一定的条件下，蒸发溶液的传热温差将比加热纯溶剂的小，且随着溶液浓度的提高，这种影响将更为显著。

升膜式蒸发器也称热虹吸式蒸发器，对加热管的长径比有一定的要求，由于管内的静液面较低，因此以静压头而产生的沸点升高很小。蒸发时间较短，升膜蒸发可产生气速较大的二次蒸气，二次蒸气在管内高速螺旋上升（其流速一般不得小于 10m/s），将料液贴管壁拉曳成薄膜状，同时溶质在连续不断地被蒸发，当气液混合物进入分离室后，完成液与二次蒸气即可得到分离。

升膜式蒸发器适用于蒸发量较大（较稀的溶液）、热敏性溶液及易生泡沫的溶液，不适用于高黏度、有晶体析出或易结垢的溶液。

四、实验装置

本装置主要包括升膜蒸发设备、调节仪表和软件系统三大部分。

1. 设备及流程

流程及主要设备如图 5.16 所示，蒸发管为 Φ28mm×1.5mm 紫铜管，加热段管长 1.2m，外套 1.5 寸（1m=30 寸）的玻璃管，加热功率为 6kW。料液由隔膜泵打入预热釜内，经预热后从蒸发器底部进入蒸发管和玻璃管的环隙中。在蒸发管外壁，料液经加热沸腾后气化，生成的蒸气带动溶液沿管壁上升，形成环状薄膜。然后经旋液分离器分离，液体由液体收集器收集并计量，二次蒸气经冷凝器冷凝后，由冷凝液收集器收集并计量。

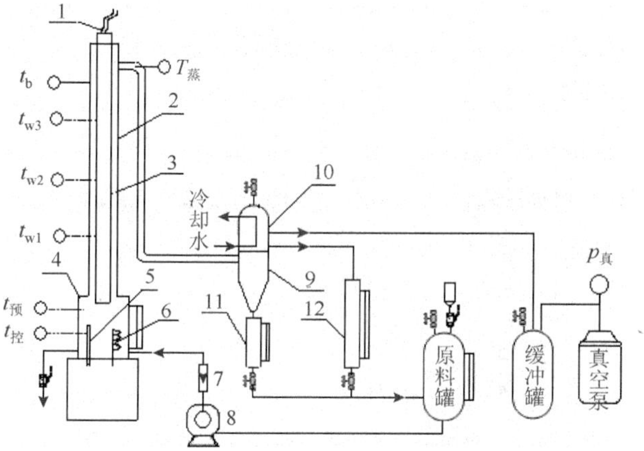

图 5.16 升膜蒸发流程示意图

1. 主加热器；2. 玻璃外管；3. 蒸发管；4. 预热；5. 控温器；6. 预热器；7. 进料流量计；8. 进料泵；9. 旋液分离器；10. 蒸气冷凝器；11. 液体收集器；12. 冷凝液收集器

液体流量计：LZB-4WB，16～160mL/min。

2. 调节仪表

实验装置配有6块仪表：进料泵电压、蒸发管壁温度、加热电压（主加热器及预热器）、蒸发管顶部温度（流体主体温度及蒸气温度）、真空度及预热器控制温度。

3. 实验数据采集与控制系统的使用

启动程序，此时屏幕上会出现如图5.17所示的画面，在画面的右下方有“数据采集”、“显示结果”、“退出”三个选择项，根据需要选择操作。

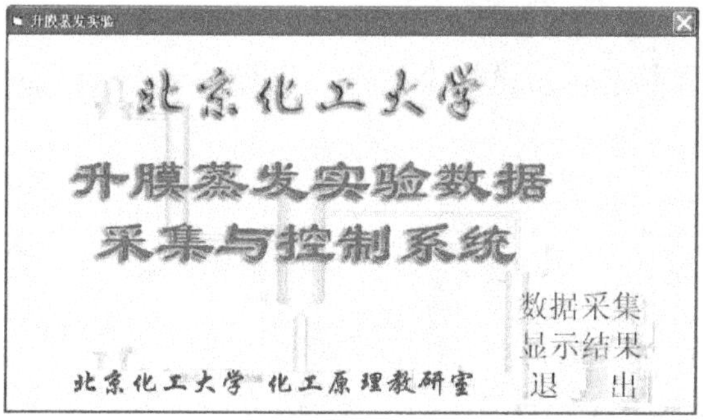

图 5.17 升膜蒸发数据在线采集界面图

1）数据采集

当在图 5.17 画面下选择“数据采集”项后，程序进入主画面，即升膜蒸发实验的流程图（图 5.18）。由于在此实验中，预热器控制温度受仪表控制，控制温度随仪表中设定值（SV 值）的改变而变化，本软件可通过计算机通信远程修改仪表的设定值，具体方法为：用鼠标点击要修改参数的显示框，就会出现一个询问框，要用户输入相应仪表的 SV 值，当用户输入该值后，软件通过通信将相应仪表上的 SV 值修改。

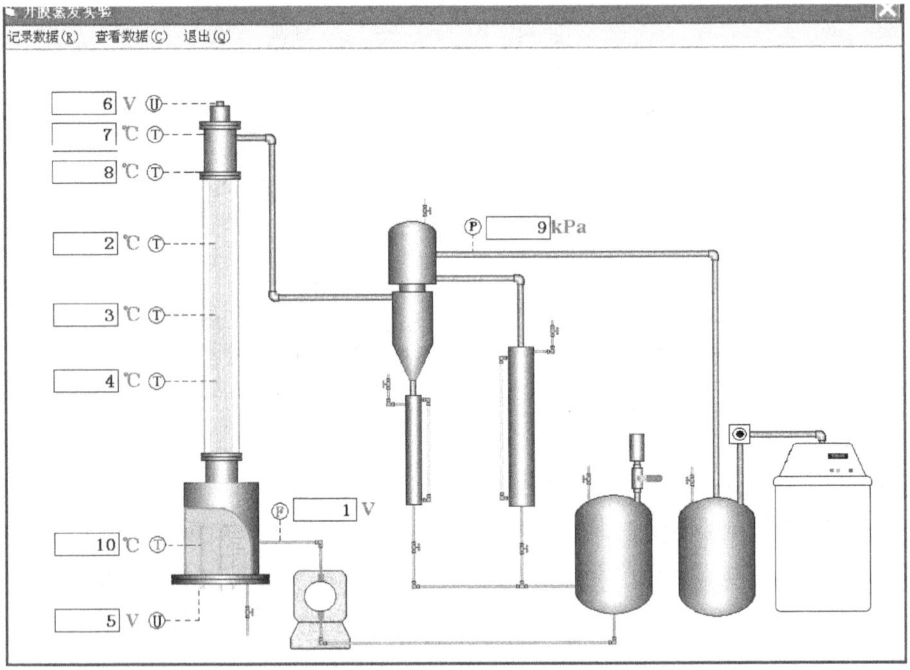

图 5.18　升膜蒸发流程示意图

1. 进料泵电压（V）；2～4. 壁温（℃）；5. 预热电压（V）；6. 主加热器电压（V）；7. 蒸气温度（℃）；8. 流体主体温度（℃）；9. 真空度（kPa）；10. 预热器控制温度（℃）

在图 5.18 画面上方有一排 3 个按钮，分别为“记录数据”、“查看数据”、“退出”。

（1）记录数据。当实验操作达到稳定后，即可点击“记录数据”，软件将自动记录“泵电压”、“加热电压”、“蒸气温度”、“壁温”等实验数据，并同时弹出对话框以提示数据记录成功。

（2）查看数据。若实验过程中需要查看所记录数据，可点击“查看数据”，软件即将所记录的数据自动列出（图 5.19）。

（3）退出。选择此项，程序退出采集回到图 5.17 的画面。

	泵电压 V	加热电压 V	蒸气温度 ℃	壁温2 ℃	壁温3 ℃
1	1.0	5.0	8.0	3.0	4.0

图 5.19　数据采集界面图

2）显示结果

当用户在图 5.17 画面下选择“显示结果”，屏幕中出现如图 5.20 所示的画面。

图 5.20　显示结果界面图

此时点击“打开文件”，将自动弹出选择数据文件的界面（图 5.21)。选定所要查看的数据文件后，软件可将所记录的实验数据列出。

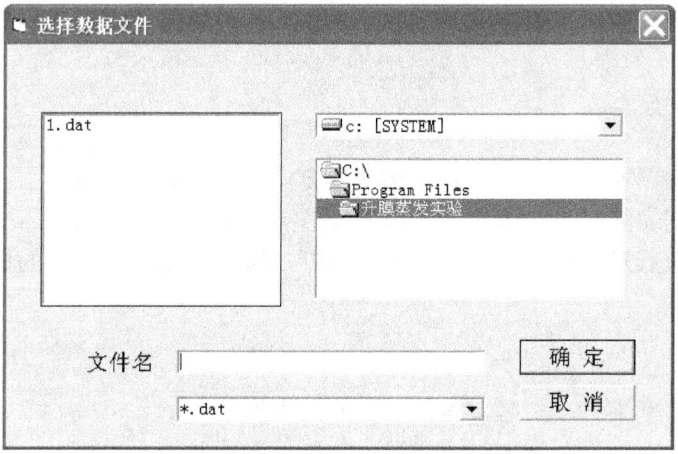

图 5.21　选择数据文件的界面图

3）退出

当在图 5.18 的画面下选择“退出”时，则退出数据采集与控制软件。

五、实验步骤

（1）原料罐内加水至液位计约 2/3 处，启动进料泵，将料液输送到预热釜至液位计约 2/3 处停泵。

（2）开启预热器加热，待釜液温度接近其泡点温度（常压下约 99℃）时，开启进料泵并调节进料流量，开启主加热器并调节电压。

（3）观察流型的变化，待操作稳定后，记录数据，调节若干次进料量（合理分布数据点）与加热电压，重复实验。

（4）若进行真空操作，先关闭蒸气冷凝器顶部的放空阀，然后开启真空泵，并利用仪表对所需真空度进行自动控制；待系统操作压力稳定后，再按上述步骤（2）、（3）进行实验。

（5）实验结束后，先关闭主加热器与预热器，再停泵，关闭总电源。

六、操作注意事项

（1）实验前应保证原料罐内有充足的料液，以便实验过程的稳定进行。

（2）**严禁在预热釜没有料液的情况下，启动预热器加热，以免预热器因干烧而损毁**。

（3）启动主加热器前，要先进料再加热，避免干壁现象的发生。

（4）真空蒸发操作，要先建立真空系统。

（5）**进料泵切勿空转！**

七、实验报告内容

（1）绘制蒸发传热曲线（温差推动力与传热膜系数的关系）。

（2）绘制加热电压、液体流量对蒸发传热膜系数的关系图。

（3）结合蒸发操作对实验结果进行分析，探讨强化蒸发传热的措施。

八、思考题

（1）测量壁温时，引起误差的主要原因有哪些？

（2）加热功率不断增大时，壁温一般如何变化？

（3）影响成膜的因素有哪些？食盐水和纯净水相比何者较易成膜？

（4）升膜蒸发器与一般循环蒸发器相比具有哪些优点？

表 5.11　实验 5.8 原始数据记录表

实验装置号________　室温________(℃)　大气压________(mmHg)

蒸发管长度________(m)　蒸发管径________(mm)　玻璃套管径________(mm)

序号	进料量/(L/h)	电压/V			温度/℃					
		预热器	主加热器	进料泵	顶温		内壁			釜温
					$T_{蒸}$	t_b	t_{w1}	t_{w2}	t_{w3}	$t_{釜}$
1										
2										
3										
⋮										

表 5.12　实验 5.8 实验结果记录表

水的汽化潜热 r=________kJ/(kg·℃)　水汽密度 ρ_G=________kg/m^3

序号	传热速率 Q/kW	热损失 $Q_{损}$/kW	流型	表观气速 u/(m/s)	沸腾传热系数 α/[kW/(m^2·℃)]
1					
2					
3					
⋮					

实验 5.9　精馏综合实验

一、实验目的

（1）掌握连续精馏塔的操作。
（2）掌握单板效率的测定方法。
（3）理解灵敏板的概念。
（4）强化分离效果随回流比变化而变化的概念。

二、实验内容

（1）在全回流下，测定两块板的单板效率。
（2）测定灵敏板位置。
（3）改变回流比，测定塔顶产品组成。

三、实验原理

1. 回流比

回流比 R 的定义为

$$R=\frac{L}{D} \tag{5-18}$$

式中：L——回流液量，kmol/s；
　　D——馏出液量，kmol/s。

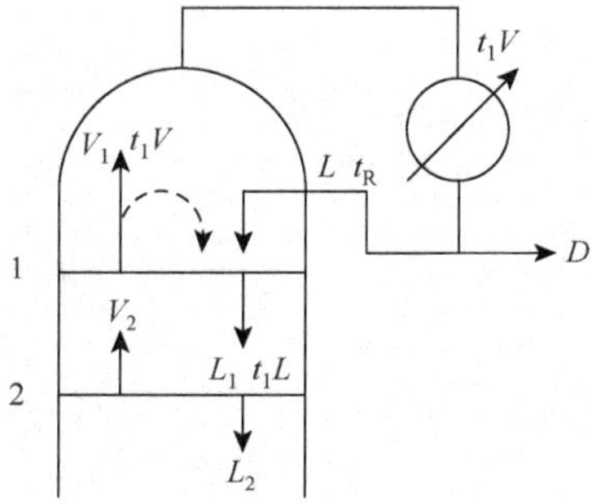

图 5.22　塔顶回流示意图

式（5-18）只适用于泡点下回流时的情况，而实际操作时为了保证上升气流能完全冷凝，冷却水量一般都比较大，回流液温度往往低于泡点温度，即冷液回流，如图 5.22 所示。从全凝器出来的温度为 t_R、流量为 L 的液体回流进入塔顶第一块板，由于回流温度低于第一块塔板上的液相温度，离开第一块塔板的一部分上升蒸气将被冷凝成液体，这样，塔内的实际回流量将大于塔外回流量。

对第一块板作物料、热量衡算得到

$$V_1 + L_1 = V_2 + L \tag{5-19}$$

$$V_1 I_{V_1} + L_1 I_{L_1} = V_2 I_{V_2} + L I_L \tag{5-20}$$

对式（5-19）和式（5-20）进行整理、化简后，近似可得

$$L_1 \approx L\left[1 + \frac{c_p(t_{1L} - t_{\mathrm{R}})}{r}\right] \tag{5-21}$$

即塔内实际回流比 $R_1 = \frac{L_1}{D}$，则

$$R_1 = \frac{L\left[1 + \frac{c_p(t_{1L} - t_{\mathrm{R}})}{r}\right]}{D} \tag{5-22}$$

式中：V_1、V_2——离开第 1、2 块板的气相摩尔流量，kmol/s；

L_1——塔内实际液流量，kmol/s；

I_{V_1}、I_{V_2}、I_{L_1}、I_L——对应 V_1、V_2、L_1、L 下的焓值，kJ/kmol；

r——回流液组成下的气化潜热，kJ/kmol；

c_p——回流液在平均温度 $(t_{1L}+t_{\mathrm{R}})/2$ 下的平均比热容，kJ/(kmol·℃)。

2. 单板效率

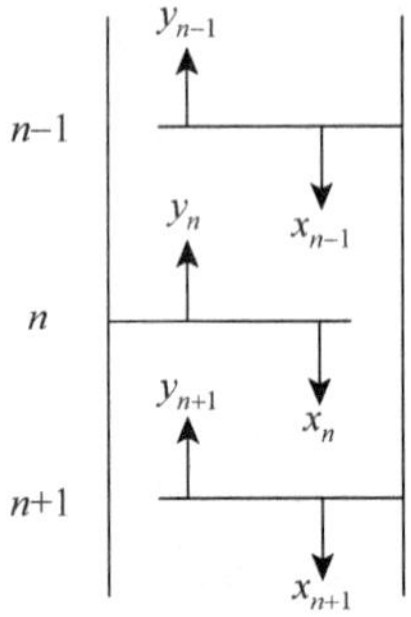

图 5.23　塔板气液流向示意图

单板效率又称莫弗里板效率，如图 5.23 所示，是指气相或液相经过一层实际塔板前后的组成变化值与经过一层理论塔板前后的组成变化值之比。单板效率反映了实际板的分离效果与理论板的差异，单板效率分为气相板效率和液相板效率。

按气相组成变化表示的单板效率为

$$E_{mV,n} = \frac{y_n - y_{n+1}}{y_n^* - y_{n+1}} \tag{5-23}$$

按液相组成变化表示的单板效率为

$$E_{mL,n} = \frac{x_{n-1} - x_n}{x_{n-1} - x_n^*} \tag{5-24}$$

式中：y_n、y_{n+1}——离开第 n、n+1 块板上上升的气相中轻组分浓度，摩尔分数；

x_{n-1}、x_n——第 n–1、n 块板上下降的液相中轻组分浓度，摩尔分数；

y_n^*——与 x_n 呈平衡的气相轻组分浓度，摩尔分数；

x_n^*——与 y_n 呈平衡的液相轻组分浓度，摩尔分数。

测定板效率一般是在全回流状态下进行，相应的操作方程为

$$y_{n+1} = x_n$$

一般情况下，各板的气相板效率不相等，各板的液相板效率不相等，同一块板的气相板效率和液相板效率也不相等。

3. 灵敏板

蒸馏过程中，各板温度不同，从塔顶至塔底温度不断升高，灵敏板是指温度发生突变的板，可通过测定各板的温度，并绘出图示温度曲线来确定（图5.24）。

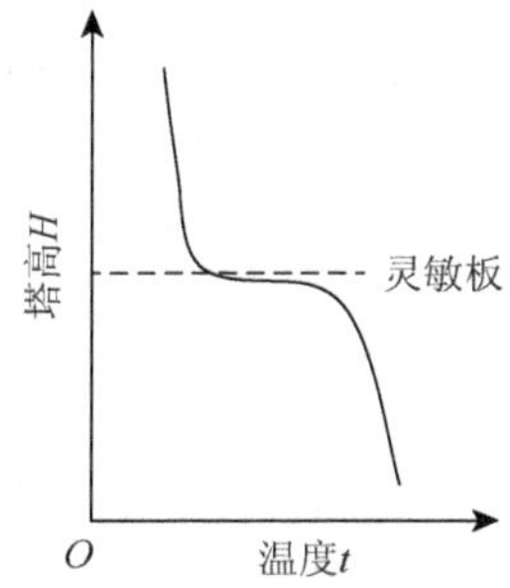

图5.24 精馏塔温度曲线

四、实验装置

本实验装置共有两套不锈钢筛板精馏塔，每套装置由塔体、供液系统、产品储罐和仪表控制柜等部分组成。配有自控装置，可进行手动和自控操作，有10块塔板。其流程如图5.25所示。

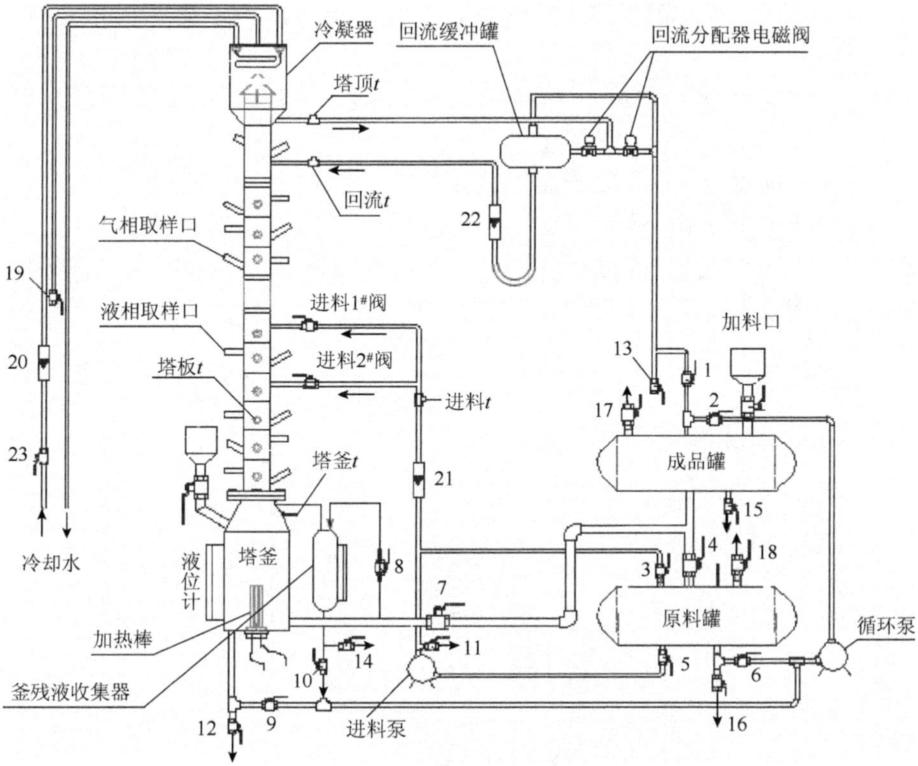

图5.25 精馏综合实验流程图

1～10. 闸阀；11～13. 进料、釜残液、产品取样口阀；14～16. 排污阀；17～19. 排气阀；20～22. 冷却水、进料、回流流量计；23. 冷却水阀

塔身主要参数如下：

塔径 Φ68mm。

塔板孔径 d_0=1.5mm，开孔率 6%。

板间距 H_T=100mm。

塔釜液体加热采用电加热，塔顶冷凝器为盘管换热器。进料采用磁力驱动泵，塔釜、成品罐、原料罐内的料液由循环泵输送。在塔釜及各塔板上装有温度传感器各一支。在各塔板上装有气、液相取样口，可测定单板效率。

回流流量计：LZB-4 型，1.6～16L/h。

供料流量计：LZB-4 型，1.6～16L/h。

五、实验步骤

1. 配料、加热

（1）检查关闭所有阀门，打开塔釜、成品罐和原料罐上的液位计阀门（逆时针方向打开）。打开塔顶排气管阀门，把成品罐、原料罐排空阀开一个很小的缝。

（2）配制釜液 16%～19%（体积分数）的乙醇水溶液，加入到塔釜液位计 3/4 处以上。

（3）将成品罐内剩余的溶液全部放到原料罐中，作为进料液使用。

（4）打开电源开关，参见图 5.26，把 7 转到手动，把 14 轻轻按逆时针方向旋到底。打开仪表电源开关 6，指示灯亮，按下电加热管启动按钮 1，启动指示灯亮。按顺时针方向轻轻旋 14，调节加热电压 100V。

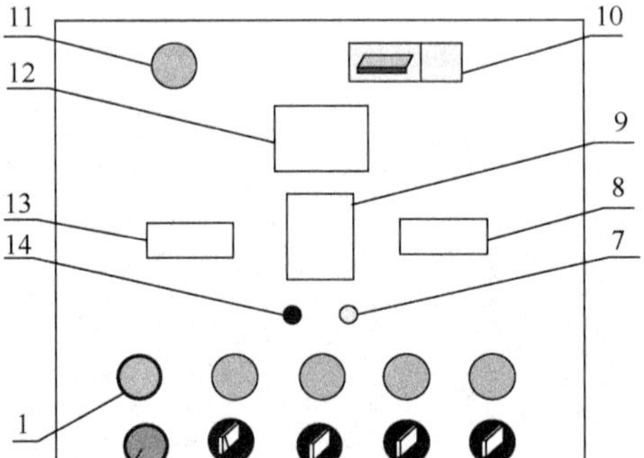

图 5.26　仪表控制板

1. 加热管启动按钮；2. 加热管停止按钮；3. 循环泵电源开关；4. 进料泵电源开关；5. 回流比电源开关；6. 仪表电源开关；7. 塔釜温度手自动切换开关；8. 塔釜温度控制仪；9. 塔板温度巡检仪；10. 空气开关组；11. 指示灯；12. 可控加热管电压表；13. 回流比控制仪表；14. 塔釜温度手动调节旋钮

2. 全回流

（1）当加热到玻璃视盅中的塔板有蒸气上升时，打开冷却水阀门 23，调节适当流量。

（2）观察鼓泡情况，调节加热电压，使塔板各层的温度、回流的流量达到稳定。

（3）记录各塔板温度，测定灵敏板位置。

（4）分别选取两层塔板上的气相和液相样品，送到气相色谱仪中分析，可得出相应塔板的单板效率（实验数据可用计算机数据处理）。

3. 部分回流

（1）全回流稳定后，打开阀 1，关闭阀 2，打开仪表控制板上回流分配器电源开关 5，回流分配仪表的分配比一般设为 4∶1 或 3∶1。

（2）打开阀 5、进料 2#阀，打开进料泵电源 4，打开进料流量计，调节旁路阀 3 和进料 2#阀来控制进料流量达预定值。

（3）打开阀 8 收集釜残液，注意要随时调节釜液流出量，**保持塔釜液面始终不变**。

（4）待部分回流稳定后，分别从阀 13、阀 12、阀 16 中采出塔顶产品、塔釜残液及进料液，并测定各自浓度，测定方法见实验 4.6 中的实验步骤。

（5）改变回流比，测定不同回流比下的塔顶、塔釜残液、进料液浓度。

（6）加大加热电压，观察液泛现象。观察后，将电压减小到 0。

4. 结束实验

（1）实验结束后，关上仪表柜上进料泵电源、回流比分配器电源、电加热管电源。待塔内没有回流液时将冷却水关闭。

（2）打开成品罐及原料罐上的排气阀、阀 9、阀 6 和阀 2，关上阀 1 和阀 5，打开循环泵电源，把塔釜和原料罐的料输送到成品罐中混合，输送完之后关上成品罐和原料罐上的所有阀门，关上仪表电源和总电源。

5. 实验数据处理软件操作说明

（1）首先启动软件，点击“文件”→“新建”，打开如图 5.27 所示界面。

（2）填写实验数据后点击“确定”。点击“显示数据”，进入图 5.28 所示的界面，计算实验结果。

（3）点击“显示计算图表”进入图 5.29 所示的界面。

（4）点击“打印”，或者“文件”→“打印实验结果”，进入如图 5.30 所示的打印预览。

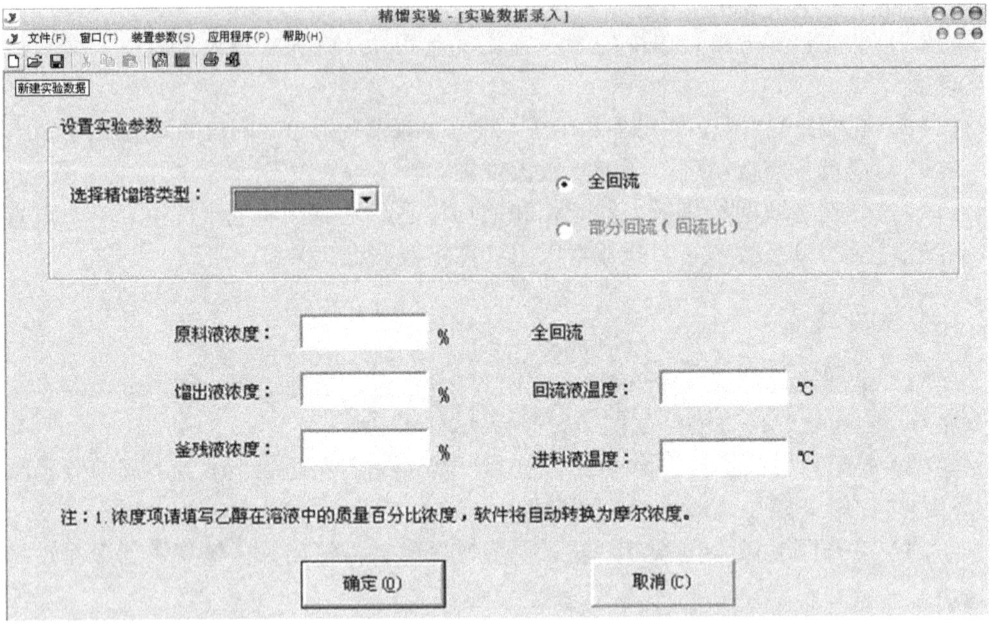

图 5.27　实验数据录入

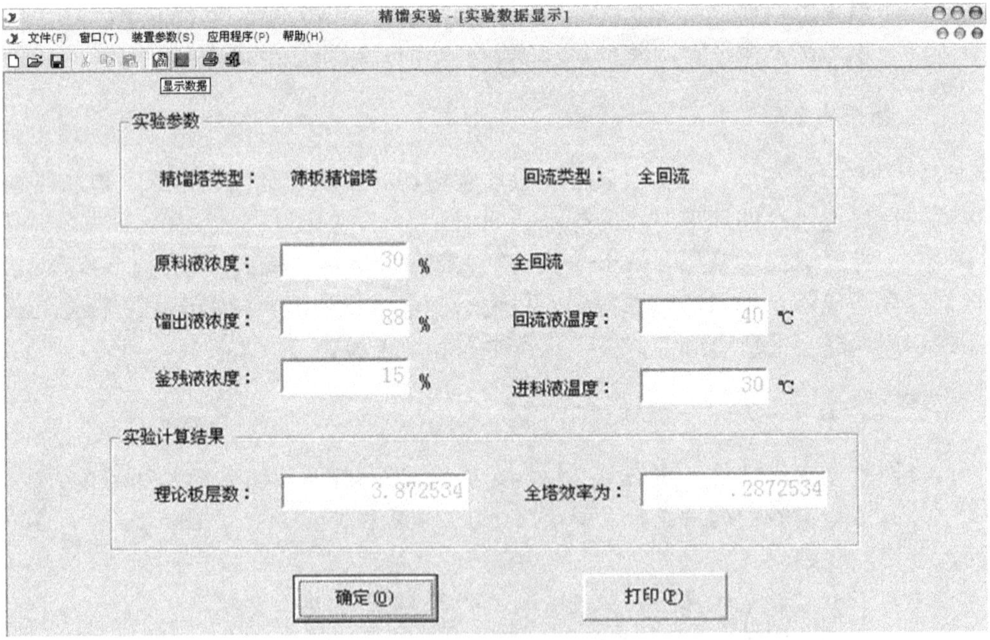

图 5.28　实验数据显示

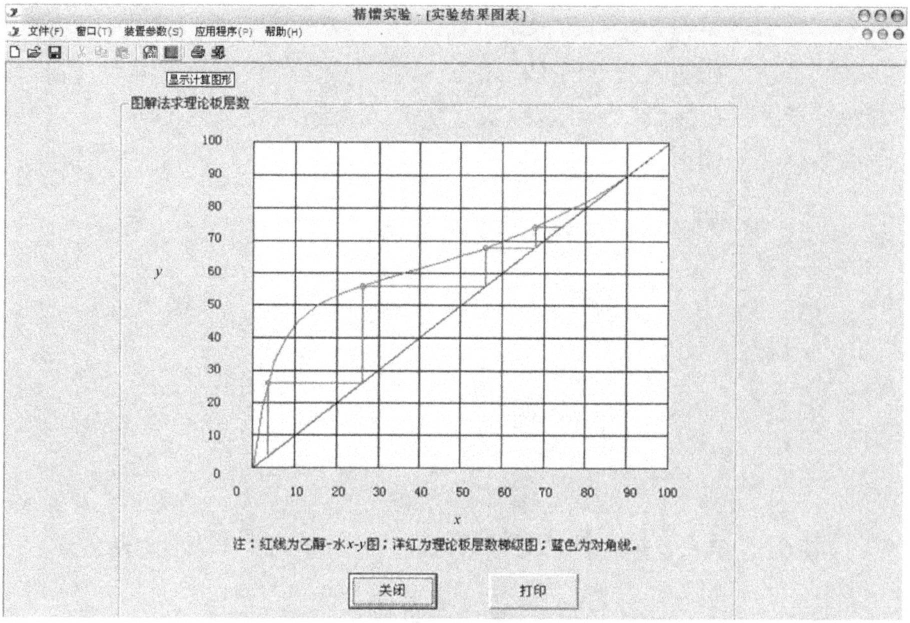

图 5.29 实验结果

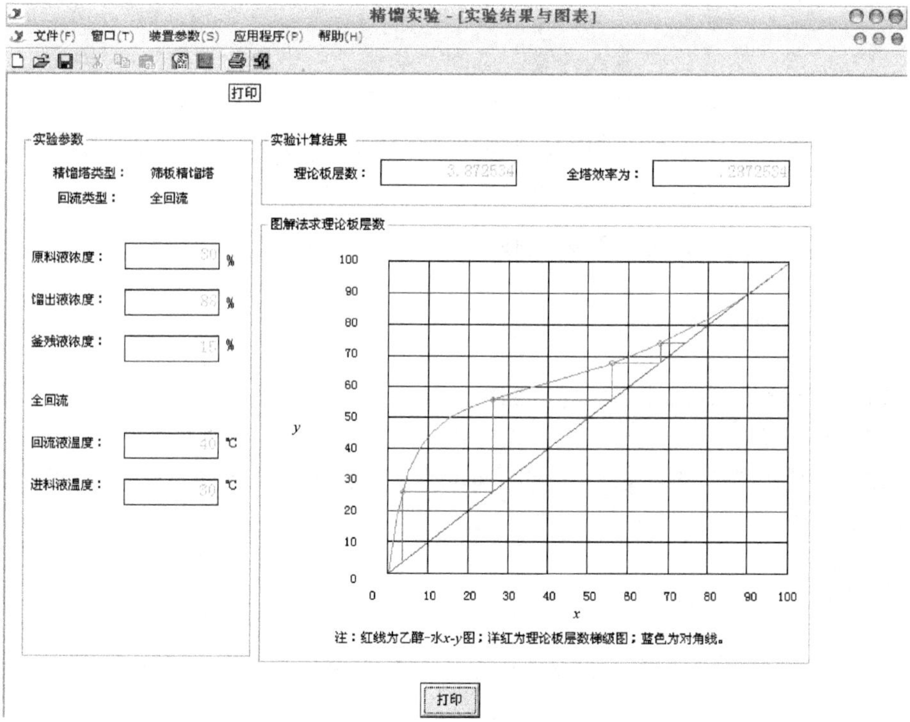

图 5.30 实验结果与图表

（5）如果需要更改实验设备参数，请在启动软件后首先打开“装置参数”→“筛板层数”，进入如图 5.31 所示的界面。点击“确定”保存数据并关闭窗口。

或者打开“装置参数”→“填料高度”，进入如图 5.32 所示的界面。点击“确定”保存数据并关闭窗口。

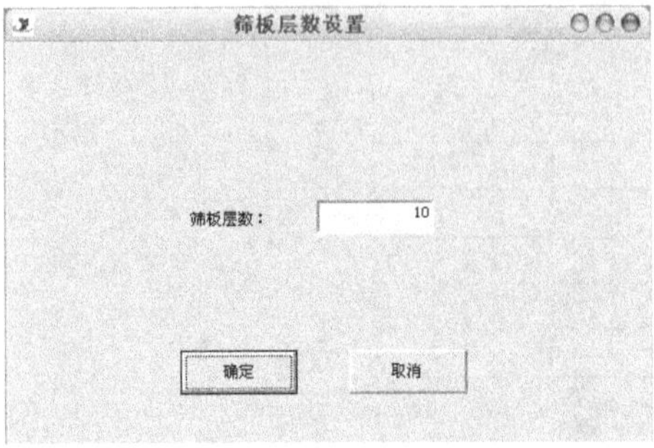

图 5.31　筛板层数设置

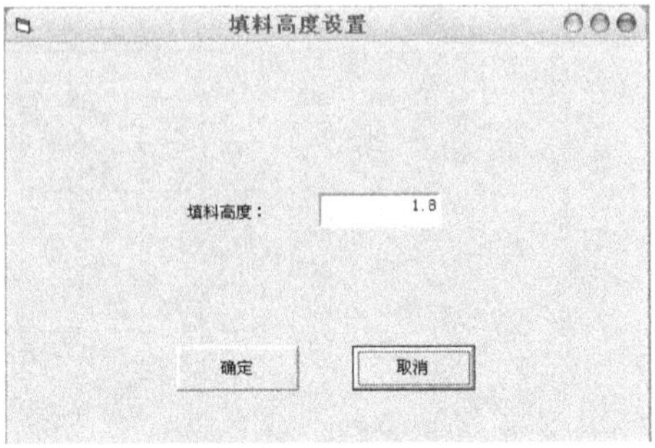

图 5.32　填料高度设置

（6）点击“文件”→“退出”，关闭实验软件。

六、操作注意事项

（1）塔釜开始加热要缓慢升温，必须手动调压（电压为 100V），30min 后再进行塔釜温度手自动控制，否则会因受热不均而导致玻璃视盅炸裂。

（2）**必须随时注意塔釜釜液，不能低于液位计 2/3 处，否则加热棒暴露于空气易烧坏。**

（3）部分回流时，进料泵电源开启前务必打开进料阀，否则会损害进料泵。

七、实验报告内容

（1）根据实验数据计算两块板的气相板效率和液相板效率，并进行对比。

（2）画出全塔的温度分布曲线，并确定灵敏板位置。

（3）在进料板位置、进料一定的情况下，选择两三个回流比，对比相应的分离效果。

八、思考题

（1）测得第 n 块、第 n–1 块塔板的液相组成后，能否求出第 n 块塔板的液相板效率？

（2）为什么采用全回流测定板效率？

（3）回流比上升后，一般塔顶产品轻组分浓度要增大，其原因是什么？

（4）精馏塔操作中，还有哪些措施可提高塔顶产品中轻组分浓度？

表 5.13 实验 5.9 全回流操作实验原始数据记录表

实验装置号________

塔板序号	1	2	3	4	5	6	7	8	9	10
温度/℃										
液相浓度 x										
汽相浓度 y										

表 5.14 实验 5.9 部分回流操作实验原始数据记录表

进料量 F=________(L/h) 进料液浓度 x_F=________%(体积分数)

序号	回流比 R	塔顶产品量 D/(L/h)	塔顶产品浓度 x_D/%（体积分数）	塔底产品量 W/(L/h)	塔底产品浓度 x_W/%（体积分数）
1					
2					
3					
⋮					

表 5.15 实验 5.9 实验数据计算结果表

塔板序号	气相板效率 E_{mG}	液相板效率 E_{mL}

实验 5.10 反渗透膜分离实验

一、实验目的

（1）理解反渗透膜分离原理。

（2）掌握反渗透膜分离制纯水的操作方法。

二、实验内容

根据进水浓度和净水的流量及含盐量，计算回收率、脱盐率，研究影响反渗透膜分离性能的主要因素。

三、实验原理

反渗透是利用半透膜的选择性透过溶剂（通常是水）截留离子物质的性质，以膜两侧静压差为推动力，克服溶剂的渗透压，使溶剂通过膜而实现混合物分离的过程。

反渗透膜是实现反渗透过程的关键，要求具有较好的分离透过性和物化稳定性。反渗透膜的分离透过性可以用以下几个参数来描述。

1. 溶质分离率（脱盐率）R

$$R=\left(1-\frac{c_P}{c_F}\right)\times 100\% \qquad (5\text{-}25)$$

式中：c_F——主体溶液（进水）溶质浓度，$kmol/m^3$；

c_P——透过液溶质浓度，$kmol/m^3$。

2. 溶剂透过速率（水通量）J_W

$$J_W=\frac{V}{S\theta}\ [L/(m^2 \cdot h)] \qquad (5\text{-}26)$$

式中：V——透过液体积，L；

S——反渗透膜传质面积，m^2；

θ——操作时间，h。

3. 衰减系数 M

衰减系数 M 表示膜被压实后水通量衰减的指标。

$$M=\frac{J_W-J_1}{\theta} \qquad (5\text{-}27)$$

式中：J_1——操作 1h 后，水的通量，$L/(m^2 \cdot h)$；

J_W——操作 θ 小时后，水的通量，$L/(m^2 \cdot h)$；

θ——操作时间，h。

4. 水的回收率 Y

$$Y=\frac{Q_P}{Q_F}\times 100\%=\frac{Q_P}{Q_P+Q_M}\times 100\% \qquad (5\text{-}28)$$

式中：Q_F——进水（原料液）流量，m^3/h；

Q_P——净水（透过液）流量，m^3/h；

Q_M——浓水（浓缩液）流量，m^3/h。

5. 浓缩倍数 C_F

$$C_F = \frac{Q_F}{Q_M} = \frac{1}{1-Y} \tag{5-29}$$

四、实验装置

实验装置为纳滤、反渗透膜分离综合装置（图 5.33）。

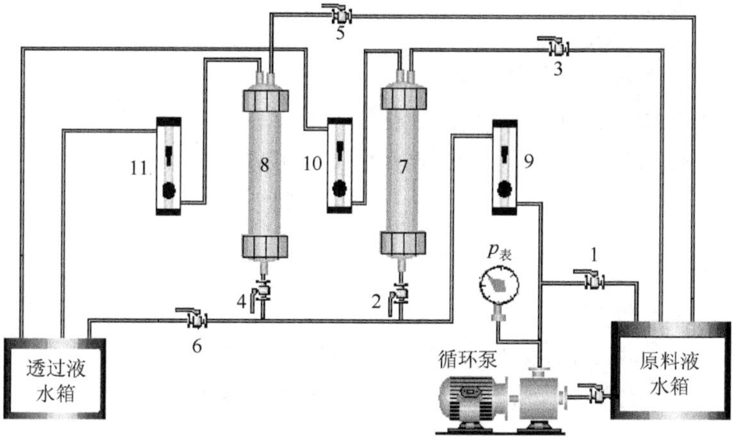

图 5.33 纳滤、反渗透膜分离实验装置流程图

1. 旁路调压阀；2、4. 进水阀；3、5. 浓缩液阀；6. 反冲洗阀；7. 反渗透膜组件；8. 纳滤膜组件；9. 原料液转子流量计；10、11. 透过液转子流量计

1. 纳滤膜组件

纯水通量为 12L/(m^2 • h)；膜面积为 0.4m^2；氯化钠脱盐率为 40%～60%；操作压力为 0.6MPa。

2. 反渗透膜组件

纯水通量为 10L/(m^2 • h)；膜面积为 0.4m^2；脱盐率为 90%～97%；操作压力为 0.6MPa。

泵的最高工作压力为 0.8MPa。

五、实验步骤

（1）打开进水阀 2，反冲洗阀 6，冲洗 5～10min，关闭阀 2、阀 6。

（2）打开阀 1，开启电源，使泵正常运转。

（3）调节阀 1、浓缩液阀 3，使反渗透操作压力为 0.4MPa，稳定 5min 后，测定浓缩液流量、纯水流量。

（4）测定原料液电导、浓缩液电导、纯水的电导（若需要求取盐浓度的准确值，建议用 KCl 水溶液，可利用盐浓度与电导关系计算盐含量）。

（5）若做纳滤膜组件，调节浓缩液阀 5，使反渗透操作压力为 0.6MPa，稳定 5min 后，测定浓缩液、透过液流量，以及原料液电导、浓缩液电导、透过液电导。

（6）实验结束后，关闭泵、进水阀，切断电源。

六、实验报告内容

（1）计算水通量 J，作出 J-θ 关系曲线。

（2）计算脱盐率、回收率和浓缩倍数。

（3）分析操作条件的变化对反渗透结果的影响。

七、思考题

（1）反冲洗的作用是什么？

（2）浓差极化对反渗透操作有什么影响？

（3）操作压力增大后，将主要影响哪些参数？结果如何？

表 5.16　实验 5.10 原始数据记录表

压力（表压）________(MPa)　温度________(℃)

序号	时间 θ/h	积累通过水量 V/m^3	溶质浓度/(mg/L)		流量/(L/h)		
			进水 c_F	透过液 c_P	进水 Q_F	浓缩液 Q_M	透过液 Q_P
1							
2							
3							
⋮							

表 5.17　实验 5.10 实验结果记录表

膜面积 A=________(m^2)

序号	时间 θ/h	水通量 J_W/[L/(m^2·h)]	脱盐率 R	回收率 Y	浓缩倍数 C_F
1					
2					
3					
⋮					

实验5.11 超滤膜分离实验

一、实验目的

（1）了解超滤膜分离的工艺流程。
（2）掌握超滤膜分离的实验操作技术。
（3）熟悉浓差极化、截流率、膜通量、膜污染等概念。

二、实验内容

采用超滤膜分离水中的相对分子质量为50 000～100 000的聚乙烯醇（PVA 50 000～100 000），测定实验用膜的膜通量和PVA 50 000～100 000的截留率。

三、实验原理

超滤膜分离基本原理是用压力差作为推动力，利用膜孔的渗透和截留性质，使不同的组分实现分离。因此，要达到良好的分离目的，要求被分离的组分间相对分子质量至少要相差一个数量级以上。超滤膜分离的工作效率以膜通量和组分截留率、浓缩因子作为衡量指标。

1. 膜通量 J

$$J = \frac{V}{S\theta} \quad [\mathrm{L/(m^2 \cdot h)}] \tag{5-30}$$

式中：V——渗透过膜的液体体积，L；
S——膜面积，m^2；
θ——实验时间，h。

2. 组分截留率 f

$$f = \frac{c_0 - c_1}{c_0} \tag{5-31}$$

式中：c_0——原料液初始浓度，mg/L；
c_1——透过液浓度，mg/L。

3. 浓缩因子 N

$$N = \frac{c_2}{c_0} \tag{5-32}$$

式中：c_2——浓缩液浓度，mg/L。

4. 大分子回收率 Y

$$Y=\frac{\text{浓缩液中大分子的质量}}{\text{原料液中大分子的质量}}\times 100\% \tag{5-33}$$

超滤时，料液中的部分大分子会被膜截留，在膜表面积聚，其浓度逐渐上升，形成指向料液主体的浓度梯度，在此梯度作用膜面附近的大分子又以相反方向向料液主体扩散，达到平衡时，膜表面形成有一定大分子浓度分布的边界层，对溶剂等小分子物质的运动起阻碍作用，这种现象称为膜的浓差极化。

膜污染是指物料中的微粒、胶体或大分子由于机械作用或物理化学作用而引起的在膜表面或膜孔内吸附和沉积造成膜孔径变小或孔堵塞，使膜通量和膜的分离特性产生不可逆转的现象。

四、实验装置

本实验将 PVA 聚乙烯醇料液由输液泵输送，经粗滤器和精密过滤器过滤后，经转子流量计计量，从下部进入到中空纤维超滤膜组件中，经过膜分离将 PVA 聚乙烯醇料液分为两股：一股是透过液——透过膜的稀溶液（主要由低相对分子质量的物质构成）经流量计计量后回到低浓度料液储罐（透过液箱）；另一股是浓缩液——未透过膜的溶液（浓度高于料液，主要由大分子物质构成）回到高浓度料液储罐（原料液箱）。溶液中 PVA 的浓度采用分光光度计分析。

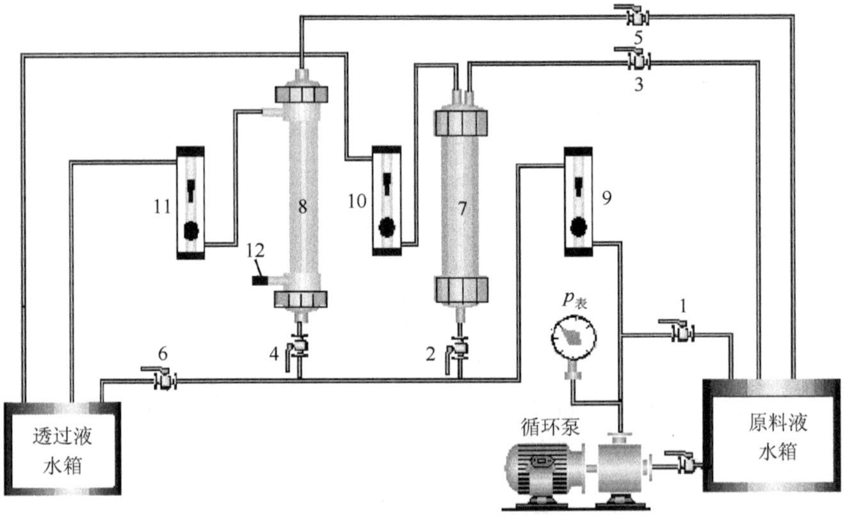

图 5.34　超滤膜分离实验装置流程图

1. 旁路调压阀；2、4. 进水阀；3、5. 浓缩液阀；6. 反冲洗阀；7. 膜组件 PP100；8. 膜组件 PS10；9. 原料液转子流量计；10、11. 透过液转子流量计；12. 反冲口

中空纤维超滤膜组件规格为：

（1）PS10截留相对分子质量为10 000，内压式，膜面积为0.1m^2，纯水通量为3～4L/(m^2·h)。

（2）PS50截留相对分子质量为50 000，内压式，膜面积为0.1m^2，纯水通量为6～8L/(m^2·h)。

（3）PP100截留相对分子质量为100 000，外压式，膜面积为0.1m^2，纯水通量为40～60L/(m^2·h)。

最高工作压力为0.1MPa。

在进行一段时间实验以后，膜组件需要清洗。反冲洗时，只需向淡水箱中接入清水，打开反冲洗阀，其他操作与分离实验相同。

中空纤维膜组件容易被微生物侵蚀而损伤，故在不使用时应加入保护液。在本实验系统中，拆卸膜组件后加入保护液（1%～5%甲醛溶液）保护膜组件。

五、实验步骤

1. 准备工作

（1）配制1%～5%的甲醛溶液作为保护液。

（2）配制1%的聚乙烯醇溶液。

（3）试剂的配制。

①缓冲液：配制1L浓度为0.64mol/L的硼酸溶液。

②发色剂：将12.7g碘+25g碘化钾溶解在1L的去离子水中，置于棕色瓶中。

（4）打开分光光度计预热。

（5）配制标准溶液，测定标准曲线。

用分析天平准确称取在60℃下干燥4h的聚乙烯醇1.000g，精确到1mg，溶于1000mL水中，配制成溶液。分别吸取聚乙烯醇溶液5.0mL、10mL、30mL、50mL、70mL于100mL容量瓶内，用去离子水稀释至刻度，配制成浓度为5.0mg/L、10mg/L、30mg/L、50mg/L、70mg/L的标准溶液。再准确量取各标准液25mL加入100mL容量瓶中，分别加入发色剂和硼酸缓冲溶液各5mL，用去离子水稀释至刻度，暗室放置10min，用分光光度计在690nm下测量吸光度。以吸光度为纵坐标、浓度为横坐标、以去离子水为空白参比，作标准曲线。

2. 实验操作

（1）用自来水清洗膜组件两三次，洗去组件中的保护液。排尽清洗液，安装膜组件。

（2）打开阀1，关闭阀2、阀4及反冲洗阀6。

（3）将配制好的料液加入原料液水箱中，分析料液的初始浓度并记录。

（4）开启电源，使泵正常运转，这时泵打循环水。

（5）选择需要做实验的膜组件，打开相应的进口阀，如选择做超滤膜分离中相对分子质量为 50 000 的膜组件实验时，打开阀 4。

（6）调节阀 1、浓缩液阀 5，使膜组件的操作压力达预定值。超滤膜组件进口压力为 0.04～0.07MPa。

（7）启动泵稳定运转 5min 后，分别取透过液和浓缩液样品，用分光光度计分析样品中聚乙烯醇的浓度。然后改变流量，重复进行实验，共测 1～3 个流量。期间注意膜组件进口压力的变化情况，并做好记录，实验完毕后方可停泵。

（8）清洗中空纤维膜组件。待膜组件中料液放尽之后，用自来水代替原料液，在较大流量下运转 20min 左右，清洗超滤膜组件中残余的原料液。

（9）实验结束后，把膜组件拆卸下来，加入保护液至膜组件的 2/3 高度。然后密闭系统，避免保护液损失。

（10）将分光光度计清洗干净，放在指定位置，切断电源。

六、操作注意事项

（1）泵启动之前一定要“灌泵”，即将泵体内充满液体。

（2）样品取样方法：用 100mL 烧杯，从浓缩液和透过液出口端各取约 50mL 溶液，用 25mL 移液管加入到 100mL 容量瓶中，再加入发色剂、缓冲溶液各 5mL，稀释至刻度，暗室放置 10min，用分光光度计在 690nm 下测量吸光度。用同样方法测定原料液浓度。烧杯中剩余的溶液全部倒入原料液水箱，充分混匀后进行下一个流量实验。

（3）进行实验前必须将保护液从膜组件中放出，然后用自来水认真清洗，除掉保护液。实验后，也必须用自来水认真清洗膜组件，洗掉膜组件中的 PVA，然后加入保护液。加入保护液的目的是为了防止系统生菌和膜组件干燥而影响分离性能。

（4）若长时间不用实验装置，应将膜组件拆下，用去离子水清洗后加上保护液保护膜组件。

（5）受膜组件工作条件限制，实验操作压力必须严格控制：建议操作压力不超过 0.10MPa，工作温度不超过 45℃，pH 为 2～13。

七、分析方法

PVA 浓度的测定方法是先用发色剂使 PVA 显色，然后用分光光度计测定。

首先测定工作曲线，然后测定浓度，吸收波长为 690nm。具体操作步骤为：取定量中性或微酸性的 PVA 溶液加入到 50mL 容量瓶中，加入 8mL 发色剂，然后用蒸馏水稀释至标线，摇匀并放置 15min 后，测定溶液吸光度，经查标准工作曲线即可得到 PVA 溶液的浓度。

八、实验报告内容

（1）计算膜通量 J，作出 J-θ 关系曲线。
（2）计算 PVA 的截留率 f。
（3）计算 PVA 的回收率 Y，并作出 Y-θ 关系曲线。
（4）计算浓缩因子 N。

九、思考题

（1）请简要说明超滤膜分离的基本机理。
（2）超滤组件长期不用时，为何要加保护液？
（3）在实验中，如果操作压力过高会有什么后果？
（4）提高料液的温度对膜通量有什么影响？

表 5.18 实验 5.11 原始数据记录表

压力（表压）________(MPa) 温度________(℃)

序号	时间 θ/h	浓度/(mg/L)			流量/(L/h)	
		原料液 c_0	浓缩液 c_2	透过液 c_1	原料液 L_0	透过液 L_1
1						
2						
3						
⋮						

表 5.19 实验 5.11 实验结果记录表

膜面积 S=________(m^2) 浓缩液中大分子的质量________

序号	时间 θ/h	透过液体积 V/m^3	膜通量 J/[L/(m^2·h)]	截留率 f	回收率 Y	浓缩因子 N
1						
2						
3						
⋮						

第 6 章　实验数据计算机处理示例

示例 6.1　流体流动阻力测定实验

1. 原始数据

实验原始数据如图 6.1 所示。

1 流动阻力实验.xlsx

原始数据记录表									
实验装置号	1	水温 t /℃	24	光滑管长 l_1 /m	1.5	管径 d_1 /mm	29		
粗糙管长 l_2 /m	1.5	管径 d_2 /mm	28	局部管长 l_3 /m	0.2	管径 d_3 /mm	28		
序号	流量	光滑管倒U形管压差计示值 /mmH_2O		流量	粗糙管倒U形管压差计示值/mmH_2O		流量	局部阻力管倒U形管压差计示值/mmH_2O	
	m^3/h	$h_左$	$h_右$	m^3/h	$h_左$	$h_右$	m^3/h	$h_左$	$h_右$
1	0.9	600	613	0.8	594	608	3.3	580	667
2	2.2	585	644	1.5	580	622	7.1	378	760
3	3.0	567	667	2.3	565	655	10.3	125	908
4	4.0	537	700	2.9	535	671			
5	5.0	488	728	3.6	505	705			
6	5.9	440	759	4.3	483	757			
7	7.0	383	814	5.0	437	795			
8	7.5	345	827	5.7	388	840			
9	8.0	310	853	6.3	339	882			
10	9.0	230	900	6.8	303	927			

Sheet1　Sheet2　Sheet3

图 6.1　流体流动阻力实验原始数据

2. 数据处理

查得 24℃下水的密度与黏度分别为 997kg/m^3 和 0.903mPa・s。

（1）在单元格 B24 中输入“=B7/3600*4/PI()/($H$2/1000)^2”——计算光滑管流速 u_1。

（2）在单元格 C24 中输入“=$B$20*9.81*(D7-C7)/1000”——计算光滑管测量段压力损失 Δp_f，其等于倒 U 形管压差计的压力差值 Δp_1，即 $\Delta p_f = \Delta p_1 = \rho g(h_右 - h_左)$。

（3）在单元格 D24 中输入“=$B$20*B24*$H$2/1000/$F$20”——计算光滑管流体雷诺数 Re_1。

（4）在单元格 E24 中输入“=C24/$B$20*$H$2/1000/$F$2*2/B24^2”——计算光滑管流体摩擦系数，$\lambda_1 = (\Delta p_f / \rho)(d_1 / l_1)(2 / u_1^2)$。

（5）在单元格 F24 中输入“=0.3164/D24^0.25”——按照布拉休斯公式计算摩擦系数。

（6）在单元格 G24 中输入“=E7/3600*4/PI()/($D$3/1000)^2”——计算粗糙管流速 u_2。

（7）在单元格 H24 中输入“=$B$20*9.81*(G7-F7)/1000”——计算粗糙管测量段压力损失 Δp_f，其等于倒 U 形管压差计的压力差值 Δp_2。

（8）在单元格 I24 中输入“=$B$20*B24*$H$2/1000/$F$20”——计算粗糙管流体雷诺数 Re_2。

（9）在单元格 J24 中输入“=H24/$B$20*$D$3/1000/$B$3*2/G24^2”——计算光滑管流体摩擦系数，$\lambda_2 = (\Delta p_f / \rho)(d_2 / l_2)(2 / u_2^2)$。

（10）在单元格 K24 中输入“=0.01227+0.7543/I24^0.38”——按顾毓珍式计算摩擦系数。

（11）在单元格 L24 中输入“=H7/3600*4/PI()/($H$3/1000)^2”——计算局部阻力管流速 u_3。

（12）在单元格 M24 中输入“=$B$20*9.81*(J7-I7)/1000”——计算局部阻力测量段压力损失 Δp_f，其等于倒 U 形管压差计的压力差值 Δp_3。

（13）在单元格 N24 中输入“=$B$20*L24*$H$3/1000/$F$20”——计算局部阻力管流体雷诺准数 Re_3。

（14）在单元格 O24 中输入“=M24/$B$20*2/L24^2”——计算局部阻力系数 $\zeta = 2\Delta p_f / (\rho u_2^2)$。

选定 B24:K24 单元格区域，再用鼠标拖动 K24 单元格右下方的填充柄（单元格右下方的“+”号）至 K33 单元格，复制单元格内容；选定 L24:O24 单元格区域，再用鼠标拖动 O24 单元格下的填充柄至 K26 单元格，复制单元格内容；在 O28 单元格内输入“=AVERAGE(O24:O26)”，得到平均局部阻力系数 $\zeta_{均}$，结果如图 6.2 所示。

3. 绘制 λ-Re 双对数坐标图

（1）创建 λ-Re 图。选定 D24:E33 单元格区域，点击【插入】菜单，选择【图表】→【散点图】第二个图标“带平滑线和数据标记的散点图”，得到 λ-Re 曲线图（图 6.3）。

（2）“布局”设置。点击 λ-Re 曲线图，出现【图表工具】菜单，选择【布局】→【标签】。点击【图标标题】，选择“图表上方”，输入“光滑管 λ-Re 图”；点击【坐标轴标题】，选择“主要横坐标轴标题—坐标轴下方标题”，输入“Re”，选择“主要纵坐标轴标题-旋转过的标题”，输入“λ”；点击【图例】，选择“无”，关闭图例；点击【坐标轴】→【网格线】，选择“主要横网格线—主要横网格线和次要网格线”及“主要纵网格线—主要纵网格线和次要网格线”。

1 流动阻力实验.xlsx

数据计算结果表

密度ρ 997 kg/m^3　　黏度μ 0.000 903 Pa·s

序号	流速u_1	光滑管				流速u_2	粗糙管				流速u_3	局部阻力管		
	m/s	Δp_1/Pa	Re_1	λ_1	布拉休斯式	m/s	Δp_2/Pa	Re_2	λ_2	顾毓珍式	m/s	Δp_3/Pa	Re_3	ζ
1	0.38	127.15	12119	0.03442	0.03016	0.36	136.93	11157	0.03937	0.03412	1.49	850.91	46023	0.7702
2	0.93	577.05	29624	0.02615	0.02412	0.68	410.78	20919	0.03359	0.02948	3.20	3736.18	99018	0.7306
3	1.26	978.06	40396	0.02383	0.02232	1.04	880.25	32076	0.03062	0.02690	4.65	7658.19	143646	0.7115
4	1.68	1594.23	53861	0.02185	0.02077	1.31	1330.16	40444	0.02910	0.02566				
5	2.10	2347.34	67327	0.02059	0.01964	1.62	1956.11	50206	0.02777	0.02461			$\zeta_{均}$	0.7374
6	2.48	3120.00	79445	0.01965	0.01885	1.94	2679.88	59969	0.02667	0.02380				
7	2.94	4215.43	94257	0.01887	0.01806	2.26	3501.44	69731	0.02577	0.02316				
8	3.15	4714.23	100990	0.01838	0.01775	2.57	4420.82	79494	0.02504	0.02263				
9	3.36	5310.85	107723	0.01820	0.01746	2.84	5310.85	87861	0.02462	0.02224				
10	3.78	6552.98	121188	0.01774	0.01696	3.07	6103.08	94834	0.02429	0.02196				

图 6.2　流体流动阻力实验结果表

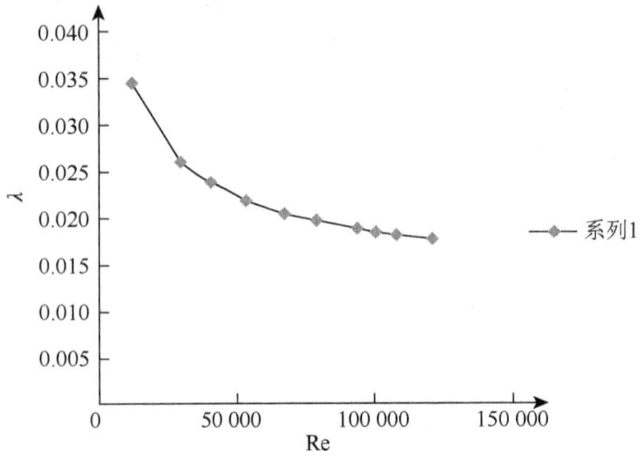

图 6.3　λ-Re 曲线图

（3）“格式”设置。点击【格式】→【形状样式】右下角的扩展按钮，出现“设置图表区格式”对话框，选择“边框颜色—无线条”；点选 λ-Re 曲线图的绘图区，选择“边框颜色—实线”、“边框样式—宽度 1.5 磅”；点选数据点，出现“设置数据系列格式”对话框，选择“线型—宽度 1.5 磅”；点选横坐标轴或纵坐标轴，出现“设置坐标轴格式”对话框（图 6.4），按图所示设置坐标轴各参数，即可得到光滑管 λ-Re 修饰结果图（图 6.5）。

同理选定 D24:E33 单元格区域，可绘制粗糙管 λ-Re 曲线图（图 6.6）。

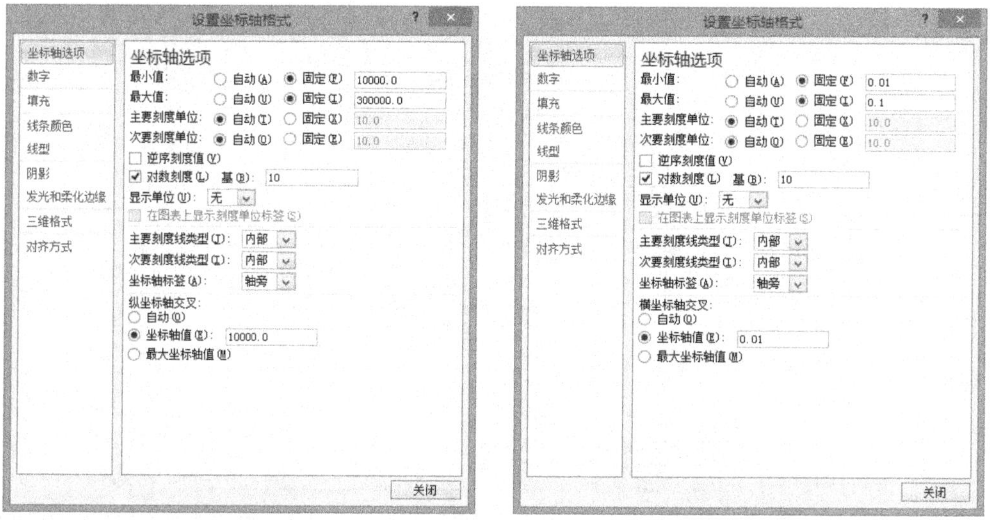

(a) 横坐标轴设置　　(b) 纵坐标轴设置

图 6.4　坐标轴格式对话框

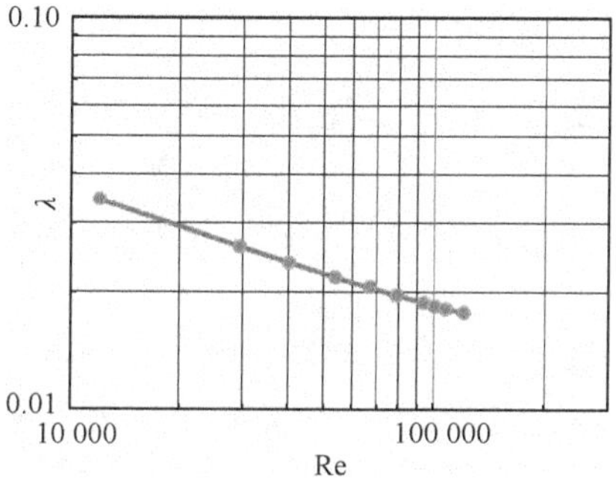

图 6.5　光滑管 λ-Re 曲线图

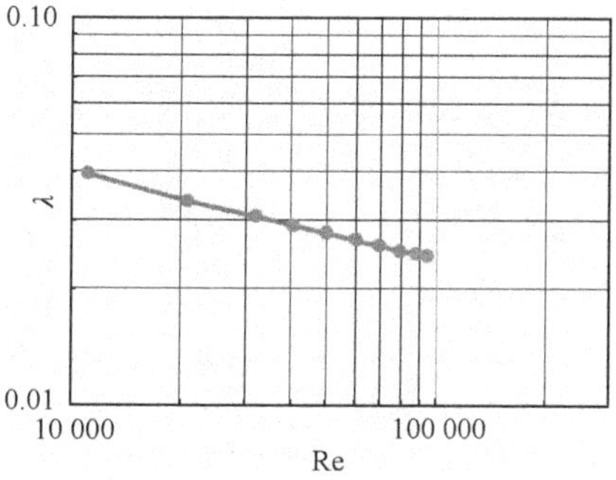

图 6.6　粗糙管 λ-Re 曲线图

示例 6.2　离心泵特性曲线测定实验

1. 原始数据

实验原始数据如图 6.7 所示。

2. 数据处理

查得 25.8℃下水的密度为 997.05kg/m^3。

（1）在单元格 I7 中输入“=E7*1000/($K$3*9.8)”——计算压力表压头 $H_{表}$。

（2）在单元格 J7 中输入“=D7*1000/($K$3*9.8)”——计算真空表压头 $H_{真}$。

（3）在单元格 K7 中输入“=B7/$C$3/1000”——计算流量 Q。

2 离心泵特性曲线实验.xlsx

离心泵特性曲线原始数据记录表

装置号 1　水温 25.8 ℃　进口管径(mm) 40　出口管径(mm) 25

涡轮流量计系数ξ(脉冲数/升) 323.97　功率表系数×3　h_0(mm) 80

序号	流量计示值 f	功率 W	$p_{真空}$	$p_{压力}$	转速 n
	Hz	kW	kPa	kPa	r/min
1	101.00	0.241	2.50	205.00	2840
2	203.00	0.264	3.50	203.00	2840
3	305.00	0.285	4.50	199.00	2840
4	405.00	0.304	6.00	193.00	2840
5	503.00	0.329	8.00	186.00	2840
6	600.00	0.353	10.00	176.00	2840
7	700.00	0.372	12.50	161.00	2840
8	802.00	0.385	16.00	146.00	2840
9	901.00	0.405	20.00	128.00	2840
10	1000.00	0.421	24.00	109.00	2840

离心泵特性曲线实验　sheet2　Sheet3

图 6.7　离心泵性能测定实验原始数据

（4）在单元格 L7 中输入“=K7/(PI()*($F$2/1000/2)^2)”——流体在吸入管路中的流速 u_0。

（5）在单元格 M7 中输入“=K7/(PI()*($D$2/1000/2)^2)”——计算流体在压出管路中的流速 u_1。

（6）在单元格 N7 中输入“=(L7^2-M7^2)/(2*9.8)”——计算动压头之差。

（7）在单元格 O7 中输入“=I7+J7+N7+$F$3/1000”——计算扬程 H_e，$H_e=\dfrac{p_{真}+p_{压}}{\rho g}+\dfrac{u_2^2-u_1^2}{2g}$。

（8）在单元格 P7 中输入“=O7*B26*$K$3/102”——计算有效功率（$\eta=\rho g q_V H_e$）。

选定 I7:P7 单元格区域，再用鼠标拖动 P7 单元格下的填充柄至 P16，运算结果如图 6.8 所示。

将实测值换算到 n=2900r/min 下的额定值：

（1）在单元格 B26、C26、D26 中分别输入“=K7”、“=F7”、“=O7”。

（2）在单元格 E26 中输入“=C7*3*$F$21”——计算有效轴功率 $N_{轴}$。

（3）在单元格 F26 中输入“=B26*(2900/C26)^1”——计算 n=2900r/min 下流量 Q。

（4）在单元格 G26 中输入“=D26*(2900/C26)^2——计算 n=2900r/min 下扬程 H_e。

2 离心泵特性曲线实验.xlsx

计算过程 $H_e=H_{表}+H_{真}+h_0+(u_0^2-u_1^2)/(2*g)$

流体密度(kg/m³)　997.05

序号	$H_{表}$	$H_{真}$	流量 Q	u_0	u_1	$(u_0^2-u_1^2)/(2*g)$	H_e	N_e
	m	m	m³/s	m/s	m/s	m	m	kW
1	20.980	0.256	3.118E-04	0.635	0.248	1.744E-02	21.334	0.065
2	20.776	0.358	6.266E-04	1.277	0.499	7.045E-02	21.284	0.130
3	20.366	0.461	9.414E-04	1.918	0.749	1.590E-01	21.066	0.194
4	19.752	0.614	1.250E-03	2.547	0.995	2.804E-01	20.727	0.253
5	19.036	0.819	1.553E-03	3.163	1.236	4.325E-01	20.367	0.309
6	18.012	1.023	1.852E-03	3.773	1.474	6.154E-01	19.731	0.357
7	16.477	1.279	2.161E-03	4.402	1.719	8.377E-01	18.674	0.394
8	14.942	1.637	2.476E-03	5.043	1.970	1.100E+00	17.759	0.430
9	13.100	2.047	2.781E-03	5.666	2.213	1.388E+00	16.615	0.452
10	11.155	2.456	3.087E-03	6.288	2.456	1.710E+00	15.401	0.465

离心泵特性曲线实验　sheet2　Sheet3

图 6.8　离心泵性能测定运算结果

（5）在单元格 H26 中输入“=E26*(2900/C26)^3”——计算 n=2900r/min 下有效轴功率 $N_{轴}$。

（6）在单元格 I26 中输入“=P7/H26”——计算泵效率 η；

选定 B26:I26 单元格区域，再用鼠标拖动 I26 单元格填充柄至 I35 单元格，运算结果如图 6.9 所示。

2 离心泵特性曲线实验.xlsx

数据计算结果表

	型号	流量	扬程	功率	效率
离心泵	1½BL-6	3.06 L/s	17.4 m	—	55.50%
三相异步电机	Y90S-2	—	—	1.5 kW	89%

序号	实测值				换算到 n=2900r/min的值			
	流量 Q	转速 n	H_e	$N_{轴}$	流量 Q	H_e	$N_{轴}$	η
	m³/s	r/min	m	kW	m³/s	m	kW	%
1	3.118E-04	2840	21.334	0.643	3.183E-04	22.244	0.685	0.095
2	6.266E-04	2840	21.284	0.705	6.398E-04	22.193	0.751	0.174
3	9.414E-04	2840	21.066	0.761	9.613E-04	21.965	0.810	0.239
4	1.250E-03	2840	20.727	0.812	1.277E-03	21.612	0.864	0.293
5	1.553E-03	2840	20.367	0.878	1.585E-03	21.237	0.935	0.330
6	1.852E-03	2840	19.731	0.943	1.891E-03	20.574	1.004	0.356
7	2.161E-03	2840	18.674	0.993	2.206E-03	19.472	1.058	0.373
8	2.476E-03	2840	17.759	1.028	2.528E-03	18.517	1.094	0.393
9	2.781E-03	2840	16.615	1.081	2.840E-03	17.324	1.151	0.392
10	3.087E-03	2840	15.401	1.124	3.152E-03	16.059	1.197	0.388

离心泵特性曲线实验　sheet2　Sheet3

图 6.9　离心泵的性能参数

3. 泵特性曲线绘制

（1）绘制散点图，设置次坐标轴——选择单元格 F26:I35 区域，绘制“带平滑线和数据标记的散点图”，得到离心泵性能曲线图。选定系列 2 数据系列点（轴功率-流量关系曲线），鼠标右键选择“设置数据系列格式”，点选“次坐标轴”；同样选择系列 3 数据系列点（效率-流量关系曲线），在“设置数据系列格式”对话框中点选“次坐标轴”，得到图 6.10。

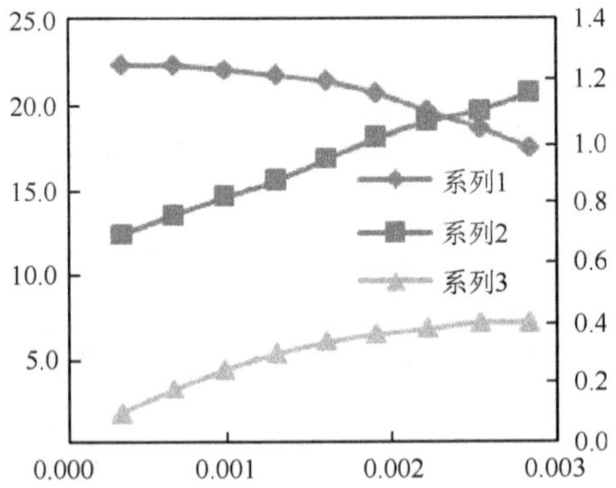

图 6.10　N_e-Q、η-Q 曲线置于次坐标轴后的图线

（2）“布局”、“格式”设置——点击离心泵特性曲线图，出现【图表工具】菜单，分别选择【布局】和【格式】标签，对图形的“图表标题”、“坐标轴标题”、“图例”及其相应“格式”进行设置，得到泵特性曲线结果图（图 6.11）。

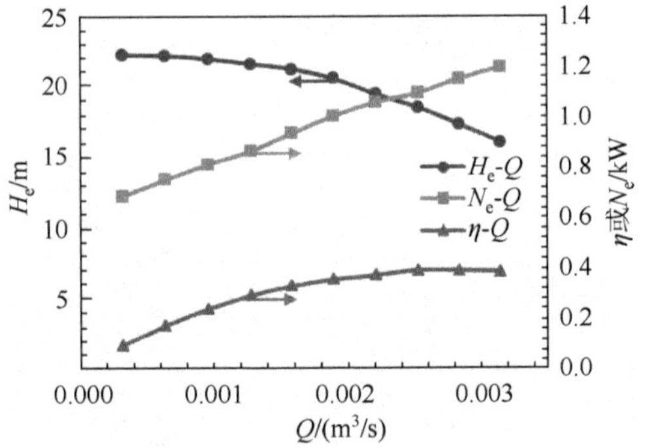

图 6.11　离心泵特性曲线结果图

示例 6.3　过滤常数测定实验

1. 原始数据

原始数据如图 6.12 所示。

3 过滤实验.xlsx

	A	B	C	D	E	F	G	H	I
1	原始数据记录表								
2	试验装置号1	滤浆浓度	10 °B	板框直径	130	mm	过滤面积	0.01327	m^2
3									
4	压力/MPa	0.06				0.08			
5	过滤	滤液量V/L		过滤时间/s		滤液量V/L		过滤时间/s	
6	序号	增量ΔV	累计ΣV	增量$\Delta\theta$	累计$\Sigma\theta$	增量ΔV	累计ΣV	增量$\Delta\theta$	累计$\Sigma\theta$
7	0	0.0	0.0			0.0	0.0		
8	1	0.1	0.1	35.5	35.5	0.1	0.1	28.3	28.3
9	2	0.1	0.2	52.3	87.8	0.1	0.2	42.8	71.1
10	3	0.1	0.3	73.7	161.5	0.1	0.3	58.5	129.6
11	4	0.1	0.4	90.6	252.1	0.1	0.4	73.4	203.0
12	5	0.1	0.5	113.1	365.2	0.1	0.5	90.0	293.0
13	6	0.1	0.6	134.1	499.3	0.1	0.6	105.0	398.0
14	7	0.1	0.7	156.5	655.8	0.1	0.7	123.3	521.3
15	8	0.1	0.8	174.6	830.4	0.1	0.8	140.4	661.7
16	9	0.1	0.9	203.6	1034.0	0.1	0.9	155.2	816.9
17	10	0.1	1.0	230.2	1264.2	0.1	1.0	184.0	1000.9
18	洗涤	洗涤量V_W/mL	洗涤时间t_W/s	t_W平均值/s	$(dV/d\theta)_W$	洗涤量V_W/mL	洗涤时间t_W/s	t_W平均值/s	$(dV/d\theta)_W$
19	1	20	35.7	36.15	5.533E-07	20	30.4	31.4	6.369E-07
20	2	20	36.6			20	32.4		

Sheet1　Sheet2　Sheet3

图 6.12　过滤实验原始数据结果

表中压力为 0.06MPa 条件下，在累积时间 E7 单元格中输入“=SUM($D$7:D7)”，并拖动填充柄下拉复制至 E16，在 D18 单元格中输入“=AVERAGE(C18:C19)”，在 E18 单元格中输入“=B18*10^-6/D18”。压力为 0.08MPa 条件下的相应单元格中做相应计算操作。

2. 数据处理

依据：$$\frac{\Delta\theta}{\Delta q}=\frac{2}{K}q_{\mathrm{m}}+\frac{2}{K}q_{\mathrm{e}}$$

1）中间运算过程与结果

（1）在单元格 B27 中输入“=(C7+C8)/2/1000/$H$2”——计算 0.06MPa 下的 q_{m}。

（2）在单元格 C27 中输入“=B8/1000/$H$2”——计算 0.06MPa 下的 Δq。

（3）在单元格 D27 中输入“=D8/C27”——计算 0.06MPa 下的 $\Delta\theta/\Delta q$。

（4）在单元格 E27 中输入“=(G7+G8)/2/1000/$H$2”——计算 0.08MPa 下的 q_{m}。

（5）在单元格 F27 中输入“=F8/1000/$H$2”——计算 0.08MPa 下的 Δq。

（6）在单元格 G27 中输入“=H8/F27”——计算 0.08MPa 下的 $\Delta\theta/\Delta q$。

选定 B27:G27 单元格区域，再用鼠标拖动 G27 单元格下的填充柄至 G36 单元格，复制单元格内容，实施以上步骤后得到图 6.13。

实验数据记录表

压力/MPa	0.06			0.08		
序号	q_m/m	Δq/m	$\Delta\theta/\Delta q$/(s/m)	q_m/m	Δq/m	$\Delta\theta/\Delta q$/(s/m)
1	0.00377	0.00753	4712.0	0.00377	0.00753	3756.3
2	0.01130	0.00753	6941.9	0.01130	0.00753	5680.9
3	0.01883	0.00753	9782.4	0.01883	0.00753	7764.8
4	0.02637	0.00753	12025.5	0.02637	0.00753	9742.6
5	0.03390	0.00753	15012.0	0.03390	0.00753	11945.9
6	0.04144	0.00753	17799.4	0.04144	0.00753	13936.9
7	0.04897	0.00753	20772.6	0.04897	0.00753	16365.9
8	0.05650	0.00753	23175.1	0.05650	0.00753	18635.6
9	0.06404	0.00753	27024.3	0.06404	0.00753	20600.1
10	0.07157	0.00753	30555.0	0.07157	0.00753	24422.7

图 6.13　恒压过滤实验数据处理结果

2）过滤终了时刻的确定

选择单元格 D27:D36 区域，点击【插入】菜单，点选【图表—柱形图】→【二维柱形图】，出现柱形图后，选中绘图区的柱形数据系列，鼠标右键菜单选择“设置数据系列格式”，将“分类间距”设置为 0%，“边框颜色”设置为黑色（图 6.14）。

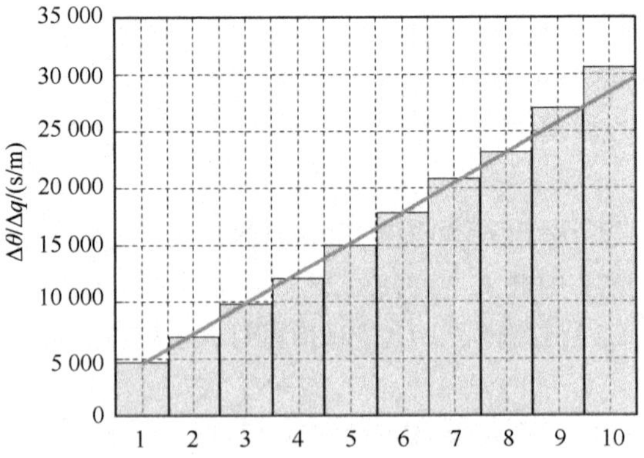

图 6.14　0.06MPa 下的过滤速率图

选择【图表工具】菜单，点选【布局】→【插入】→【形状】，选择“直线”，以第一个直方柱上端中点为起点，依次尽可能地通过其他直方柱上端中点，直至最终形成如图 6.14 中的直线。由此可以确定在第 8 次计量之后滤渣已经充满滤框，此时的过滤速率即为压力 0.06MPa 下的终了过滤速率。

选择单元格 D27:D36 区域，采取同样的操作，可得到压力 0.08MPa 下的滤渣充满滤框时刻（第 9 次计量后）及终了过滤速率，如图 6.15 所示。

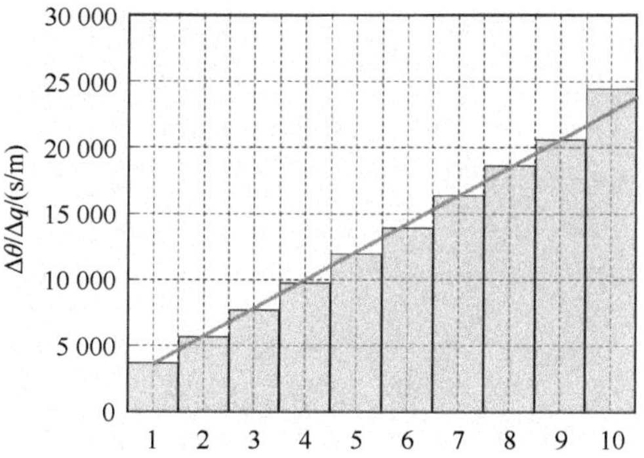

图 6.15 0.08MPa 下的过滤速率图

3）实验计算结果

（1）在 B42、C42 单元格中分别输入“=2/SLOPE(D27:D34，B27:B34)”、“=2/SLOPE(G27:G35，E27:E35)”——计算 K。

（2）在 B43、C43 单元格中分别输入“=INTERCEPT(D27:D34，B27:B34)/SLOPE(D27:D34，B27:B34)”、“=INTERCEPT(G27:G35，E27:E35)/SLOPE(G27:G35，E27:E35)”——计算 q_e。

（3）在 B44、C44 单元格中分别输入“=B43^2/B42”、“=C43^2/C42”——计算 θ_e。

（4）在 B45、C45 单元格中分别输入“=B42*H2/2/(B34+B43)”、“=C42*H2/2/(E35+C43)”——计算 $(\mathrm{d}V/\mathrm{d}\theta)_e$。

（5）在 B46、C46 单元格中分别输入“=E19”、“=I19”——计算 $(\mathrm{d}V/\mathrm{d}\theta)_w$。

（6）在 B47、C47 单元格中分别输入“=B45/B46”、“=C45/C46”——计算 $\dfrac{(\mathrm{d}V/\mathrm{d}\theta)_e}{(\mathrm{d}V/\mathrm{d}\theta)_w}$。

（7）在 B51、C51 单元格中分别输入“=LOG(B41)”、“=LOG(C41)”——计算 $\lg\Delta p$。

（8）在 B52、C52 单元格中分别输入“=LOG(B42)”、“=LOG(C42)”——计算 $\lg K$。

（9）在 B53 单元格中输入“=1-SLOPE(B52:C52，B51:C51)”——计算压缩性指数 s。

实验数据结果如图 6.16 所示。

3 过滤实验.xlsx

	A	B	C
39	实验结果用表		
40			
41	过滤压力/MPa	0.06	0.08
42	$K/(m^2/s)$	5.615E-06	7.083E-06
43	q_e/m	8.542E-03	8.766E-03
44	θ_e/s	1.300E+01	1.085E+01
45	$(dV/d\theta)_e$	5.728E-07	6.457E-07
46	$(dV/d\theta)_w$	5.533E-07	6.369E-07
47	$\frac{(dV/d\theta)_e}{(dV/d\theta)_w}$	1.04	1.01
48			
49	压缩性指数 s		
50			
51	$\lg\Delta p$	−1.2218	−1.0969
52	$\lg K$	−5.2507	−5.1498
53	s	0.1923	

Sheet1　Sheet2

图 6.16　过滤实验计算结果

3. 创建 $\Delta\theta/\Delta q$-q 图，计算恒压过滤常数

按住【Ctrl】键，同时选中 B27:B34、D27:D34 单元格，创建 $\Delta\theta/\Delta q$-q 图（仅带数据标记的散点图），点选数据系列点，鼠标右键菜单选择“添加趋势线”，选择“线性”、“显示公式”及“显示 R 平方值”选项，添加趋势线与趋势线方程，即得到 0.06MPa 条件下的 $\Delta\theta/\Delta q$-q 图（图 6.17）。按住【Ctrl】键，同时选中 F27:F35、G27:G35 单元格，采用同样操作可得到 0.08MPa 条件下带趋势线与趋势线方程的 $\Delta\theta/\Delta q$-q 图（图 6.18）。

因 $\frac{\Delta\theta}{\Delta q}=\frac{2}{K}q+\frac{2}{K}q_e$，而 0.06MPa 下实验结果为 $\frac{\Delta\theta}{\Delta q}=356\,216.36q+1700.87$，所以 $\frac{2}{K}=356\,216.36$，$\frac{2}{K}q_e=1700.87$，解得 $K=5.615\times10^{-6}\ m^2/s$，$q_e=8.542\times10^{-3}\ m^3/m^2$。同理，0.08MPa 下实验 $\frac{2}{K}=282\,355.58$，$\frac{2}{K}q_e=1411.39$，解得 $K=7.083\times10^{-6}\ m^2/s$，$q_e=8.766\times10^{-3}\ m^3/m^2$。

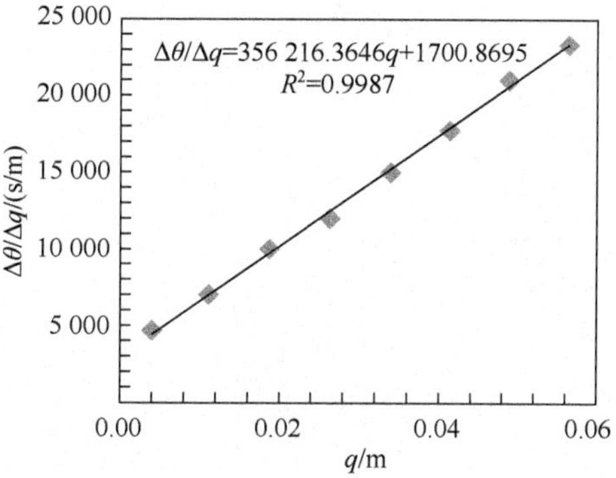

图 6.17　0.06MPa 下过滤实验 $\Delta\theta/\Delta q$-q 图

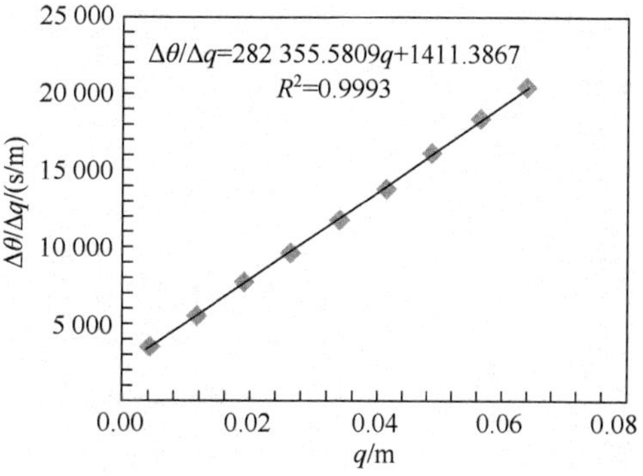

图 6.18　0.08MPa 下过滤实验 $\Delta\theta/\Delta q$-q 图

示例 6.4　对流传热系数测定实验

1. 原始数据

设备参数及原始实验数据如图 6.19 所示。

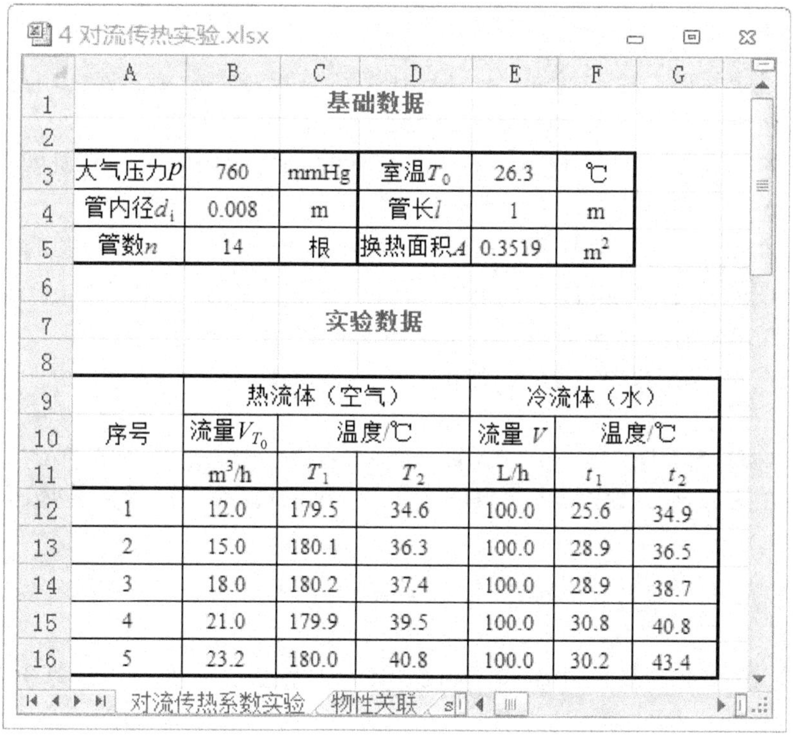

4 对流传热实验.xlsx

基础数据

大气压力 p	760	mmHg	室温 T_0	26.3	℃
管内径 d_i	0.008	m	管长 l	1	m
管数 n	14	根	换热面积 A	0.3519	m^2

实验数据

序号	热流体（空气）			冷流体（水）		
	流量 V_{T_0}	温度/℃		流量 V	温度/℃	
	m^3/h	T_1	T_2	L/h	t_1	t_2
1	12.0	179.5	34.6	100.0	25.6	34.9
2	15.0	180.1	36.3	100.0	28.9	36.5
3	18.0	180.2	37.4	100.0	28.9	38.7
4	21.0	179.9	39.5	100.0	30.8	40.8
5	23.2	180.0	40.8	100.0	30.2	43.4

对流传热系数实验　物性关联

图 6.19　空气-水套管换热实验原始数据

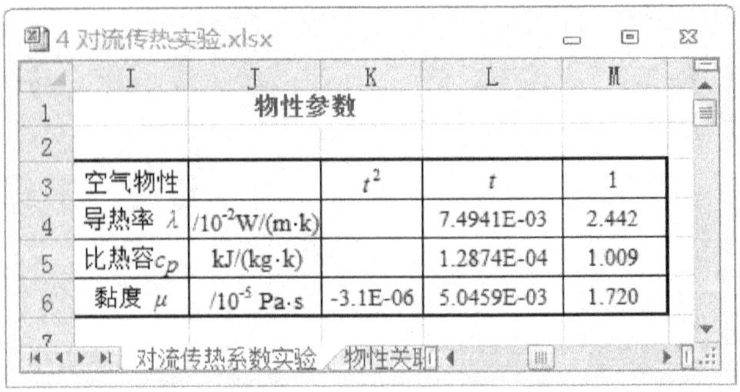

物性参数

空气物性		t^2	t	1
导热率 λ	$/10^{-2}$W/(m·k)		7.4941E-03	2.442
比热容 c_p	kJ/(kg·k)		1.2874E-04	1.009
黏度 μ	$/10^{-5}$ Pa·s	-3.1E-06	5.0459E-03	1.720

图 6.20　空气物性数据

2. 数据处理

通过物性数据手册可查得 0～200℃下空气的物性数据，经拟合得多项式函数系数。

1）中间参数计算

（1）在单元格 A22 中输入“=(C12+D12)/2”——计算空气主体温度 T_m；$T = 0.5(T_1 + T_2)$。

（2）在单元格 B22 中输入“=133.322*$B$3*0.029/8.314/(A22+273.15)”——计算空气密度，$\rho = pM / RT$。

（3）在单元格 C22 中输入“=($M$6+$L$6*A22+$K$6*A22^2)*10^-5”——计算空气黏度。

（4）在单元格 D22 中输入“=($M$4+$L$4*A22)*10^-2”——计算空气导热系数。

（5）在单元格 E22 中输入“=$M$5+$L$5*A22”——计算空气热容。

（6）在单元格 F22 中输入“=B12*(273.15+A22)/(273.15+$E$3)*SQRT((273.15+$E$3)/(273.15+20))”——计算空气实际体积流量。

（7）在单元格 G22 中输入“=8*F22/3600/$B$5/PI()/$B$4^2”——计算空气流速。

（8）在单元格 H22 中输入“=B22*F22”——计算空气质量流速；

（9）在单元格 I22 中输入“=H22*E22*(C12-D12)”——计算传热速率，$Q = m_{s1}c_p(t_2 - t_1)$。

（10）在单元格 J22 中输入“=(G12-F12)/(C12-F12)”——计算 1-2 折流参数 P。

（11）在单元格 K22 中输入“=(C12-D12)/(G12-F12)”——计算 1-2 折流参数 R。

（12）在单元格 L22 中输入“=SQRT(K22^2+1)*(G12-F12)/LN((2-J22*(1+K22-

SQRT(K22^2+1)))/(2-J22*(1+K22+SQRT(K22^2+1))))”——计算 1-2 折流对数平均推动力 Δt_m。

（13）在单元格 M22 中输入“=I22*1000/3600/$E$5/L22”——计算总传热系数 K 或空气侧对流给热系数，$K=\dfrac{Q}{A\Delta t_m}$，$\alpha \approx K$。

选定 A22:M22 单元格区域，再用鼠标拖动 M22 单元格下的填充柄至 M26，完成单元格内容的复制，运算结果如图 6.21 所示。

4 对流传热实验.xlsx

	A	B	C	D	E	F	G	H	I	J	K	L	M
18	数据计算1												
19													
20	T_m	ρ	μ	λ	c_p	V	u	m_{s1}	Q	P	R	Δt_m	K（α）
21	℃	kg/m³	Pa.s	W/(m·K)	kJ/(kg·K)	m³/h	m/s	kg/h	kJ/h			℃	W/(m²·K)
22	107.1	0.9296	2.22E-05	0.03244	1.0228	15.40	12.16	14.31	2121.43	0.0604	15.581	40.657	41.193
23	108.2	0.9268	2.23E-05	0.03253	1.0229	19.31	15.24	17.89	2632.04	0.0503	18.921	38.491	53.984
24	108.8	0.9253	2.23E-05	0.03257	1.0230	23.20	18.32	21.47	3136.72	0.0648	14.571	38.126	64.951
25	109.7	0.9232	2.24E-05	0.03264	1.0231	27.14	21.42	25.05	3598.41	0.0671	14.040	37.912	74.931
26	110.4	0.9215	2.24E-05	0.03269	1.0232	30.03	23.71	27.67	3941.75	0.0881	10.545	38.189	81.486

对流传热系数实验 物性关联 sheet2 Sheet3

图 6.21 空气-水套管换热实验数据处理中间结果

2）C、m 参数的求取

（1）在单元格 A31 中输入“=$B$4*G22*B22/C22”——计算空气的雷诺数 Re。

（2）在单元格 B31 中输入“=1-6*10^5/A31^1.8”——计算过渡区校正因子 f_2。

（3）在单元格 C31 中输入“=M22*$B$4/B31/D22”——计算空气的努塞特数 Nu。

（4）在单元格 D31 中输入“=1000*E22*C22/D22”——计算空气的普朗特数 Pr。

（5）在单元格 E31 中输入“=C31/D31^0.3”——计算 $Nu/Pr^{0.3}$。

（6）在单元格 F31 中输入“=LOG(A31)”——计算 lg(Re)。

（7）在单元格 G31 中输入“=LOG(E31)”——计算 $\lg(Nu/Pr^{0.3})$。

选定 A31:G31 单元格区域，再用鼠标拖动 G31 单元格下的填充柄至 G35，完成单元格内容的复制，运算结果如图 6.22 所示。

（8）在单元格 H31 中输入：“=SLOPE(G31:G35，F31:F35)”——计算雷诺数指数 m。

（9）在单元格 I31 中输入：“=POWER(10，INTERCEPT(G31:G35，F31:F35))”——计算常数 C。

4 对流传热实验.xlsx

数据计算2

Re	f_2	Nu	Pr	$Nu/Pr^{0.3}$	lgRe	$\lg(Nu/Pr^{0.3})$	m	C
4063.28	0.808	12.56	0.7014	13.974	3.6089	1.1453	0.8008	0.0182
5067.62	0.871	15.24	0.7013	16.949	3.7048	1.2291		
6073.98	0.907	17.59	0.7012	19.561	3.7835	1.2914		
7073.84	0.929	19.76	0.7010	21.982	3.8497	1.3421		
7804.24	0.941	21.19	0.7009	23.577	3.8923	1.3725		

对流传热系数实验　物性关联　sheet2　Shee

图 6.22　空气-水套管换热实验数据计算结果

3. 实验结果的图形绘制

以单元格区域 E31:E35 对 A31:A35 作双对数坐标散点图，并添加乘幂趋势线，显示公式和 R 平方值，结果如图 6.23（a）所示。因 $Nu/Pr^{0.3}=CRe^m$，所以 C=0.0182，m=0.8008。也可以以单元格区域 G31:G35 对 F31:F35 作 $\lg(Nu/Pr^{0.3})$-lgRe 散点图，通过线性回归求 C 和 m［图 6.23（b）］，由 $\lg(Nu/Pr^{0.3})=\lg C+m\lg Re$ 可知与 m=0.8008，$C=10^{-1.741}=0.0182$。

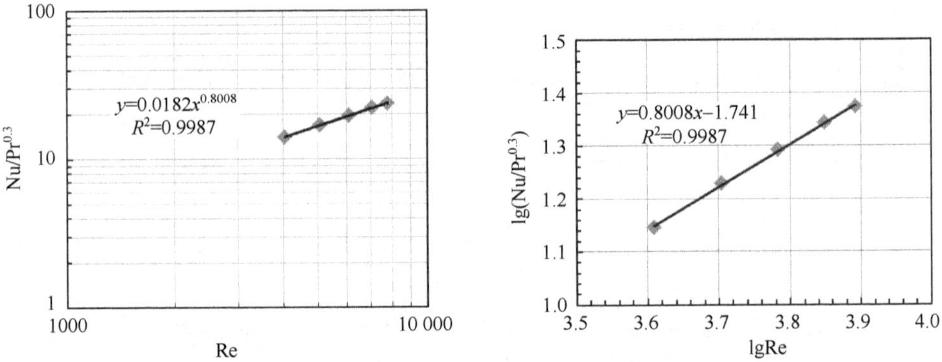

(a) 添加乘幂趋势线　　(b) 线性回归预测

图 6.23　空气-水套管换热实验结果图示

示例 6.5　精馏塔全塔效率测定实验

1. 乙醇-水溶液常压相平衡数据拟合

1）气液相平衡 $y=f(x)$函数关系拟合

（1）建立“$y=f(x)$”工作表，在 A2:B18 单元格区域输入乙醇-水溶液常压相

平衡 y、x 数据，在 C2:G17 单元格列分别计算 x^2、x^3、x^4、x^5、x^6 值，如图 6.24 所示。

6 精馏实验.xlsx

	A	B	C	D	E	F	G
1	y	x	x^2	x^3	x^4	x^5	x^6
2	0.0000	0.0000	0	0	0	0	0
3	0.1700	0.0190	0.000361	6.859E-06	1.303E-07	2.476E-09	4.705E-11
4	0.3891	0.0721	0.0051984	0.0003748	2.702E-05	1.948E-06	1.405E-07
5	0.4375	0.0966	0.0093316	0.0009014	8.708E-05	8.412E-06	8.126E-07
6	0.4704	0.1238	0.0153264	0.0018974	0.0002349	2.908E-05	3.6E-06
7	0.5089	0.1661	0.0275892	0.0045826	0.0007612	0.0001264	2.1E-05
8	0.5445	0.2337	0.0546157	0.0127637	0.0029829	0.0006971	0.0001629
9	0.5580	0.2608	0.0680166	0.0177387	0.0046263	0.0012065	0.0003147
10	0.5826	0.3273	0.1071253	0.0350621	0.0114758	0.003756	0.0012294
11	0.6122	0.3965	0.1572123	0.0623347	0.0247157	0.0097998	0.0038856
12	0.6564	0.5079	0.2579624	0.1310191	0.0665446	0.033798	0.017166
13	0.6599	0.5198	0.270192	0.1404458	0.0730037	0.0379473	0.019725
14	0.6841	0.5732	0.3285582	0.1883296	0.1079505	0.0618772	0.035468
15	0.7385	0.6763	0.4573817	0.3093272	0.209198	0.1414806	0.0956833
16	0.7815	0.7472	0.5583078	0.4171676	0.3117076	0.232908	0.1740288
17	0.8943	0.8943	0.7997725	0.7152365	0.639636	0.5720265	0.5115633
18	1.0000	1.0000					

y=f(x)　x=g(y)　t=F(x)　全回流梯级图　部分回

图 6.24　乙醇-水气液相平衡数据表

（2）选择 B23:G25 单元格区域，输入“=LINEST(A2:A9，B2:G9，0，1)”，同时按【Ctrl+Shift+Enter】组合键，得到 $y=f(x)$函数在 $x=$［0，0.2608］的过零点的六次多项式的回归系数及统计结果。选择 B29:G31 单元格区域，输入“=LINEST(A9:A17，B9:F17，1，1)”，同时按【Ctrl+Shift+Enter】组合键，得到 $y=f(x)$函数在 $x=$［0.2608，0.8943］的五次多项式的回归系数及统计结果，如图 6.25 所示。

（3）点击空单元格，选择【插入】菜单，建立空散点图，选中绘图区并右键菜单选择“选择数据”，弹出“选择数据源”对话框，点击“添加”按钮，依次添加 3 个系列，并为各系列选择 x、y 值的数据区域。

系列 1：x='y=f(x)'!$B$2:$B$9，y='y=f(x)'!$A$2:$A$9——相平衡线，$x=$［0，0.2608］。

系列 2：x='y=f(x)'!$B$9:$B$17，y='y=f(x)'!$A$9:$A$17——相平衡线，$x=$［0.2608，0.8943］。

相平衡方程						
六次多项式	x=[0.0000, 0.2608]					
	x^6	x^5	x^4	x^3	x^2	x
回归参数	-8964.455	9444.0025	-4068.159	937.83709	-128.1418	11.059803
标准偏差	5408.156	4156.0449	1186.0922	154.07327	8.9367292	0.1882701
R^2, SE(y)	0.9999969	0.0015097	#N/A	#N/A	#N/A	#N/A
五次多项式	x=[0.2608,0.8943]					
	x^5	x^4	x^3	x^2	x	1
回归参数	-3.540715	9.7524382	-9.695774	4.5435991	-0.627158	0.5434264
标准偏差	4.2660595	11.957113	12.882502	6.6508371	1.6415474	0.1547003
R^2, SE(y)	0.9999437	0.0012952	#N/A	#N/A	#N/A	#N/A

图 6.25　乙醇-水气液相平衡拟合多项式 $y=f(x)$系数

系列 3：x=('y=f(x)'!$B$2，'y=f(x)'!$B$18)，y=('y=f(x)'!$A$2，'y=f(x)'!$A$18)——对角线。

分别选择系列 1、系列 2 数据点，鼠标右键菜单选择“更改系列图表类型”，点选“仅带数据标记的散点图”。选择系列 1 数据点，右键菜单选择“添加趋势线”，点选“多项式”，顺序为“6”，点选“设置截距”，输入“0.0”，同样对系列 2 数据点添加 5 次多项式趋势线。对绘图进行修饰即可得如图 6.26 所示的气液相平衡拟合曲线图。

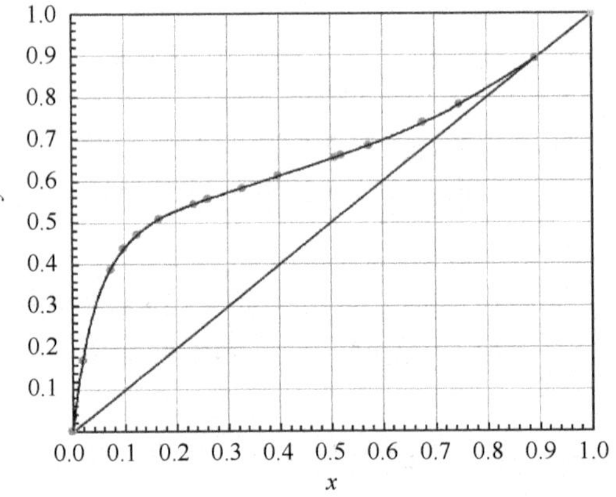

图 6.26　乙醇-水气液相平衡拟合曲线图

2）气液相平衡 $x=g(y)$函数关系拟合

建立“$x=g(y)$”工作表，在 A2:A93 单元格区域上输入 0:0.01:0.8943 数据点作为 x 值，通过拟合得到的 $y=f(x)$多项式函数在 B2:B93 单元格区域插值计算相应的 y 值，并应用 LINEST 函数计算得到 $x=g(y)$多项式函数系数（图 6.27）。

6 精馏实验.xlsx

	I	J	K	L	M	N	O
1	相平衡方程反函数						
2	六次多项式	y=[0.0000, 0.5580]					
3		y^6	y^5	y^4	y^3	y^2	y
4	回归参数	34.57087	−28.20116	5.7896123	1.3140801	−0.36409	0.1234568
5	标准偏差	31.595459	56.665837	38.875958	12.620251	1.9111445	0.1061075
6	R^2，SE(y)	0.9999546	0.0011915	#N/A	#N/A	#N/A	#N/A
7							
8	五次多项式	y=[0.5580, 0.8943]					
9		y^5	y^4	y^3	y^2	y	1
10	回归参数	−88.25044	357.87706	−570.0953	443.80797	−166.3163	24.009461
11	标准偏差	11.629531	42.102458	60.621989	43.392024	15.439247	2.1845339
12	R^2，SE(y)	0.999993	0.0005215	#N/A	#N/A	#N/A	#N/A

y=f(x)　x=g(y)　t=F(x)　全回流梯级图　部分回流

图 6.27　乙醇-水气液相平衡拟合 $x=g(y)$多项式系数

3）泡点方程 t=F(x)函数关系拟合

（1）建立 t=F(x) 工作表，在 A2:B17 单元格区域输入乙醇-水溶液常压相平衡 t、x 数据，在 C2:E17 单元格列分别计算 x^2、x^3、x^4 值。

（2）选择 B22:E25 单元格区域，输入“=LINEST(A2:A9-100，B2:E9，0，1)”，同时按【Ctrl+Shift+Enter】组合键，得到 t=F(x)函数在 x=［0，0.2608］的截距为 100 的四次多项式的回归系数及统计结果，并在 F22 单元格中输入“100”。选择 B28:F30 单元格区域，输入“=LINEST(A9:A17，B9:E17，1，1)”，同时按【Ctrl+Shift+Enter】组合键，得到 t=F(x)函数在 x=［0.2608 0.8943］的四次多项式的回归系数及统计结果，如图 6.28 所示。

6 精馏实验.xlsx

	A	B	C	D	E	F
18						
19	泡点函数					
20	四次多项式	x=[0.0000, 0.2608]				
21		x^4	x^3	x^2	x	1
22	回归参数	6467.3483	−5134.791	1590.6625	−248.0762	100
23	标准偏差	3381.4234	1736.3336	280.45092	14.227782	
24	R^2，SE(y)	0.9998008	0.2640106	#N/A	#N/A	
25						
26	四次多项式	x=[0.2608, 0.8943]				
27		x^4	x^3	x^2	x	1
28	回归参数	18.4436	−43.43522	45.832582	−30.17211	87.745505
29	标准偏差	10.619986	24.550368	20.295276	7.0664422	0.8669513
30	R^2，SE(y)	0.9997812	0.0295533	#N/A	#N/A	#N/A

y=f(x)　x=g(y)　t=F(x)　全回流梯级图

图 6.28　泡点方程 t=F(x)函数拟合多项式系数

2. 全回流精馏实验

1）实验原始数据及处理

实验数据如下：馏出液、釜液中乙醇组成分别为 V_{x_D} =0.94（体积分数，下同）、V_{x_W} =0.04，实际板数 N=15。

（1）选择“$y=f(x)$”工作表，按住【Ctrl】键并向后拖动“$y=f(x)$”工作表建立副本，重命名为“全回流梯级图”，将查得的物性数据及实验数据输入相应表格（图 6.29）。

6 精馏实验.xlsx

	I	J	K	L	M	N
1						
2	物性参数			基本参数		
3	乙醇相对分子质量	46.07	kg/kmol	塔顶体积分数	V_{x_D}	0.94
4	乙醇密度	789	kg/m³	塔釜体积分数	V_{x_W}	0.04
5	水相对分子质量	18.02	kg/kmol	塔顶摩尔分数	x_D	0.8289
6	水的密度	998	kg/m³	塔釜摩尔分数	x_W	0.0127

$x=g(y)$ ／ $t=F(x)$ ／ 全回流梯级图 ／ 部分回

图 6.29　物性数据及实验数据

（2）在 N5 单元格中输入“=N3*$J$4/$J$3/(N3*$J$4/$J$3+(1-N3)*$J$6/$J$5)”，并复制到 N6 单元格，分别计算出塔顶、塔釜乙醇的摩尔分数 x_D、x_W。

（3）在 B36:G38、B42:G44 单元格区域引用“$x=g(y)$”工作表单元格区域 J4:O6、J10:O12（图 6.27）的相平衡拟合多项式 $x=g(y)$函数系数。

2）逐板计算法求全塔理论板数

（1）在单元格 J11 中输入“=N5”——回流液组成 x_0 等于 x_D。

（2）在单元格 K11 中输入“=N5”——离开第一块塔板的气相组成 y_1 等于 x_D。

（3）在单元格 J12 中输入“=IF(K11>=0.558，$G$42+$F$42*K11+$E$42*K11^2+$D$42*K11^3+$C$42*K11^4+$B$42*K11^5，IF(K11>=$N$6，$G$36*K11+$F$36*K11^2+$E$36*K11^3+$D$36*K11^4+$C$36*K11^5+$B$36*K11^6，""))”——相平衡线函数 $x_n=g(y_n)$，由 y_n 求 x_n。

（4）在单元格 J13 中输入“=J12”。

（5）在单元格 K12 中输入“=IF(J11>=$N$6，K11，"")”——加入 IF 判断是当 x 值小于釜液组成 x_W 时停止计算。

（6）在单元格 K13 中输入“=J12”——全回流操作线 $y_{i+1}=x_i$。

（7）选中 J12:K13 单元格区域，再用鼠标左键按住 K13 单元格右下角的填充柄向下拖拉至单元格区域 J28:K29 出现空白格，即可计算各理论板上的相平衡(x_i,

y_i)数据及操作线(x_i，y_{i+1})数据（图 6.30）。

计算过程共用了 8 次相平衡方程，且最后一次用相平衡方程所得平衡级成小于 x_W。故全塔所需理论板数 N_T=8 块；全塔效率 E_T=(8–1)/15=46.67%［在 R5 单元格中输入“=(R4-1)/R3*100”］，如图 6.31 所示。

梯级 (x_i,y_i)	x_i	y_i
0,1	0.8289025	0.8289025
1,1	0.8119931	0.8289025
1,2	0.8119931	0.8119931
2,2	0.7896696	0.8119931
2,3	0.7896696	0.7896696
3,3	0.7587114	0.7896696
3,4	0.7587114	0.7587114
4,4	0.7118058	0.7587114
4,5	0.7118058	0.7118058
5,5	0.6288183	0.7118058
5,6	0.6288183	0.6288183
6,6	0.4419432	0.6288183
6,7	0.4419432	0.4419432
7,7	0.0998708	0.4419432
7,8	0.0998708	0.0998708
8,8	0.0103373	0.0998708
8,9	0.0103373	0.0103373

图 6.30　逐板计算结果图

计算结果		
实际塔板数	N_T	15
理论板数	N_e	8
全塔效率	E_T	46.67

图 6.31　全回流精馏实验数据结果

3）逐板计算结果的图示

为了直观形象地表示逐板计算结果，采用 Excel 的绘图功能来实现，操作步骤如下：

（1）相平衡数据点及拟合线、对角线已经在图 6.26 中绘出。

（2）选中绘图区，单击鼠标右键选择“选择数据”，弹出“选择数据源”对话框，点击“添加”按钮，添加第 4 个数据系列，为系列 4 选择 x、y 值的数据区域如下：

系列 4：x=全回流梯级图!$J$11:$J$27，y=全回流梯级图!$K$11:$K$27——梯级。

选中绘图区系列 4 数据点，鼠标右键选择“更改系列图标类型”，并选择“散点图—带直线和数据标记的散点图”，即得如图 6.32 所示理论板梯级图。

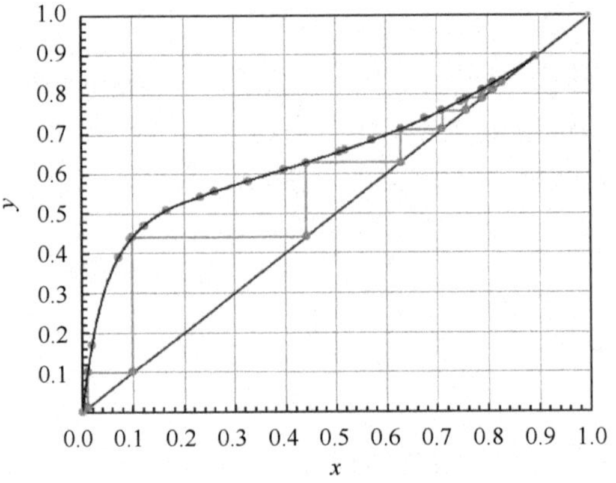

图 6.32　全回流精馏塔理论板梯级图

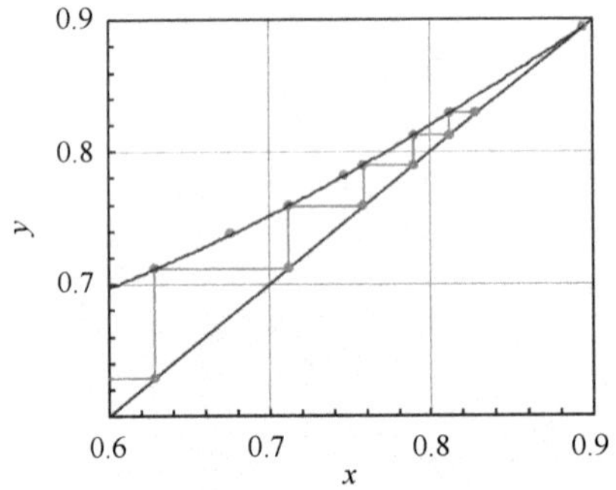

图 6.33　全回流精馏塔高浓区梯级放大图

（3）由图 6.32 可知在高浓度区域梯级较小，为便于观察，可修改 x、y 坐标轴区间为［0.6，0.9］，得到高浓区梯级放大图（图 6.33）。

3. 部分回流精馏实验

1）实验原始数据及处理

部分回流实验结果为：馏出液、原料液及釜液中乙醇组成分别为 V_{x_D} =0.92（体积分数，下同）、V_{x_F} =0.18、V_{x_W} =0.04；原料液及回流液的温度分别为 t_F=15℃、t_R=20℃，控制回流比为 R=2，进料流量为 F=5.0mol/min。

（1）选择“y=f(x)”工作表，按住【Ctrl】键并向后拖动“y=f(x)”工作表建立副本，重命名为“部分回流梯级图”，将查得的物性数据及实验数据输入相应表格（图 6.34），假设乙醇、水的比热容及气化潜热在实验温度范围内变化不大。

（2）在 N6 单元格中输入“=N3*$J$4/$J$3/(N3*$J$4/$J$3+(1-N3)*$J$8/$J$7)”，并复制到 N7:N8 单元格，分别计算塔顶、原料液、塔釜中乙醇的摩尔分数 x_D、x_F、x_W。

（3）在 N9 单元格中输入“=N3*$J$4/(N3*$J$4+(1-N3)*$J$8)”，并复制到 N710 单元格，分别计算回流液、原料液中乙醇的质量分数 C_{x_D} 、C_{x_F} 。

（4）在 B36:G38、B42:G44 单元格引用“x=g(y)”工作表单元格区域 J4:O6、J10:O12（图 6.27）的相平衡多项式 x=g(y)函数系数。在 B49:F51、B55:F57 单元格引用“t=F(x)”工作表单元格区域 B22:F24、B28:F30（图 6.28）的泡点方程拟合多项式 t=F(x)函数系数。

6 精馏实验.xlsx

	I	J	K	L	M	N
1						
2	物性参数			基本参数		
3	乙醇相对分子质量	46.07	kg/kmol	塔顶体积分数	V_{x_D}	0.92
4	乙醇密度	789	kg/m^3	原料体积分数	V_{x_F}	0.18
5	乙醇比热容	2.39	kJ/(kg·K)	塔釜体积分数	V_{x_W}	0.04
6	乙醇气化热	846	kJ/kg	塔顶摩尔分数	x_D	0.7805168
7	水相对分子质量	18.02	kg/kmol	原料摩尔分数	x_F	0.0635652
8	水的密度	998	kg/m^3	塔釜摩尔分数	x_W	0.0127207
9	水的比热容	4.183	kJ/(kg·K)	回流质量分数	C_{x_D}	0.9009085
10	水的气化热	2258	kJ/kg	原料质量分数	C_{x_F}	0.147879

全回流梯级图　部分回流梯级图　sheet2

图 6.34　物性数据及实验数据

（5）在 K14、M14 单元格中分别输入“=J5*N10+J9*(1-N10)”、“=J5*N9+J9*(1-N9)”——计算进料液、回流液的比热容。

（6）在 K15、M15 单元格中分别输入“=J6*N10+J10*(1-N10)”、“=J6*N9+J10*(1-N9)”——计算进料液、回流液的气化热。

（7）在 K16、M16 单元格中分别输入“=F49+E49*N7+D49*N7^2+C49*N7^3+B49*N7^4”、“=F55+E55*N6+D55*N6^2+C55*N6^3+B55*N6^4”——计算进料液、回流液的泡点。

（8）在 K17、M17 单元格中分别输入“=1+K14*(K16-K13)/K15”、“=1+M14*(M16-M13)/M15”——计算进料液、回流液的热状况。

（9）在 M18 单元格中输入“=K18*M17”——计算塔内的实际回流比。

（10）在 R4 单元格中输入“=R3*(N7-N8)/(N6-N8)”——计算塔顶流量 F。

6 精馏实验.xlsx

	I	J	K	L	M	N
11						
12	进料参数			回流参数		
13	温度	t_F	15	t_R	20	℃
14	比热容	c_{pm}	3.918	c_{pm}'	2.568	kJ/(kg·K)
15	气化热	r_m	2049.195	r_m'	985.917	kJ/kg
16	泡点	t_b	89.44	t_b'	78.31	℃
17	热状况	q	1.1423	q'	1.1519	
18	控制回流比	R_0	2.00	R'	2.3037	实际回流比

全回流梯级图　部分回流梯级图　sheet2

图 6.35　操作参数计算

（11）在 R5 单元格中输入“=R3-R4”——计算塔釜流量 W。

（12）在 R6 单元格中输入“=M18*R4”——计算精馏段液相流量 L。

（13）在 R7 单元格中输入“=(M18+1)*R4”——计算精馏段气相流量 V。

（14）在 R8 单元格中输入“=R6+K17*R3”——计算提馏段液相流量 L'。

（15）在 R9 单元格中输入“=R7-(1-K17)*R3”——计算提馏段气相流量 V'。

流量参数	mol/min	
进料流量	F	5.00
塔顶流量	D	0.3311
塔釜流量	W	4.6689
精馏段流量	L	0.7628
	V	1.0939
提馏段流量	L'	6.4744
	V'	1.8055
三线交点坐标	x_d	0.0932
	y_d	0.3012

图 6.36　流量参数

精馏段与提馏段操作线的交点坐标的求解有两种方法：

（1）第一种方法是直接采用解析解，在 R10、R11 单元格中分别输入“=((M18+1)*N7+(K17-1)*N6)/(M18+K17)”、“=(M18*N7+K17*N6)/(M18+K17)”得到图 6.37。

交点坐标		x	y	b	
x_d	0.0932	−0.6973	1	0.2363	精馏段
y_d	0.3012	−8.0259	1	−0.4466	q线
x_d	0.0932	−0.6973	1	−0.2363	精馏段
y_d	0.3012	−3.5859	1	−0.0329	提馏段

图 6.37　精馏段与提馏段操作线的交点坐标

（2）第二种方法是采用解线性方程组的方式，在 R15、R16 单元格中分别输入“=-M18/(M18+1)”、“=-K17/(K17-1)”，在 S15:S16 单元格中输入“=1”，在 T15、T16 单元格中分别输入“=N6/(M18+1)”、“=-N7/(K17-1)”。选择 Q15:Q16 单元格区域，输入“=MMULT(MINVERSE(R15:S16)，T15:T16)”，再同时按下【Ctrl+Shift+Enter】组合键，得到交点坐标 x_d=0.0932，y_d=0.3012（图 6.37），并在 R10:R11 中

引用（图 6.36）。交点坐标（x_d，y_d）采用精馏段操作线、提馏段操作线和 q 线方程中的任意两个方程均可解得。

2）逐板计算法求全塔理论板数

（1）在单元格 J23 中输入“=N6”——回流液组成 x_0 等于 x_D。

（2）在单元格 K23 中输入“=N6”——离开第一块塔板的汽相组成 y_1 等于 x_D。

（3）在单元格 J24 中输入“=IF(K23>=0.558，$G$42+$F$42*K23+$E$42*K23^2+$D$42*K23^3+$C$42*K23^4+$B$42*K23^5，IF(K23>=$N$8，$G$36*K23+$F$36*K23^2+$E$36*K23^3+$D$36*K23^4+$C$36*K23^5+$B$36*K23^6，""))”——相平衡函数 $x_n=g(y_n)$，由 y_n 求 x_n。

（4）在单元格 J25 中输入“=J24”。

（5）在单元格 K24 中输入“=IF(J23>=$N$8，K23，"")”——加入 IF 判断是当 x 值小于釜液组成 x_W 时停止计算。

（6）在单元格 K25 中输入“=IF(J24>=$R$10，$M$18*J24/($M$18+1)+$N$6/($M$18+1)，IF(J24>=$N$8，$R$8*J24/$R$9-$R$5*$N$8/$R$9，J24))”——根据操作线方程 $y_{n+1}=ax_n+b$，由 x_n 求 y_{n+1}，当 $x_n \geqslant x_d$ 时用精馏段操作线方程计算，$x_n \geqslant x_W$ 时用提馏段操作线方程计算，$x_n < x_W$ 时停止计算，不输出。

选中 J24:K25 单元格区域，再用鼠标左键按住 K25 单元格右下角的填充柄向下拖拉至单元格区域 J44:K45 出现空白格，即可计算各理论板上的相平衡(x_i，y_i)数据及操作线(x_i，y_{i+1})数据（图 6.38）。

计算过程共用了 10 次相平衡方程，且最后一次用相平衡方程所得平衡级组成小于 x_W。故全塔所需理论板数 N_T=10 块；全塔效率 E_T=(10–1)/15=60.00% [在 U8 单元格中输入“=(U6-1)/U3*100”]，如图 6.39 所示。

3）逐板计算结果的图示

（1）相平衡数据点及拟合线、对角线已经在图 6.26 中绘出。

（2）选中绘图区，再依次添加系列 4～系列 7 四个数据系列，为各数据系列选择 x、y 值的数据区域如下。

系列 4：x=(部分回流梯级图!$R$10，部分回流梯级图!$N$6)，y=(部分回流梯级图!$R$11，部分回流梯级图!$N$6)——精馏段操作线。

系列 5：x=(部分回流梯级图!$N$8，部分回流梯级图!$R$10)，y=(部分回流梯级图!$N$8，部分回流梯级图!$R$11)——提馏段操作线。

系列 6：x=(部分回流梯级图!$N$7，部分回流梯级图!$R$10)，y=(部分回流梯级图!$N$7，部分回流梯级图!$R$11)——热状态 q 线。

系列 7：x=(部分回流梯级图!$J$23:$J$43)，y=(部分回流梯级图!$K$23:$K$43)——梯级。

选中绘图区系列 7 数据点，鼠标右键选择“更改系列图标类型”，选择“散点图—带直线和数据标记的散点图”，即得如图 6.40 所示的部分回流精馏塔理论板梯级图。

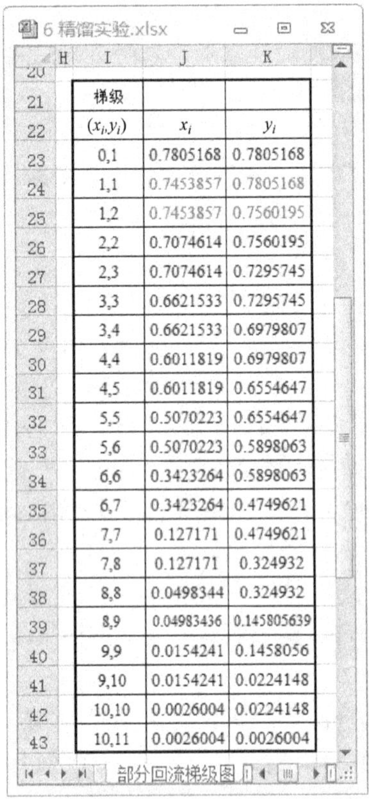

梯级		
(x_i,y_i)	x_i	y_i
0,1	0.7805168	0.7805168
1,1	0.7453857	0.7805168
1,2	0.7453857	0.7560195
2,2	0.7074614	0.7560195
2,3	0.7074614	0.7295745
3,3	0.6621533	0.7295745
3,4	0.6621533	0.6979807
4,4	0.6011819	0.6979807
4,5	0.6011819	0.6554647
5,5	0.5070223	0.6554647
5,6	0.5070223	0.5898063
6,6	0.3423264	0.5898063
6,7	0.3423264	0.4749621
7,7	0.127171	0.4749621
7,8	0.127171	0.324932
8,8	0.0498344	0.324932
8,9	0.04983436	0.145805639
9,9	0.0154241	0.1458056
9,10	0.0154241	0.0224148
10,10	0.0026004	0.0224148
10,11	0.0026004	0.0026004

图 6.38 逐板计算法求部分回流时的理论塔板数图

计算结果	
实际塔板数N_T	15
精馏段板数N_1	7.0
进料板位置	8.0
全塔理论板数（含再沸器）	10.0
全塔效率 %	60.00

图 6.39 部分回流精馏实验数据结果

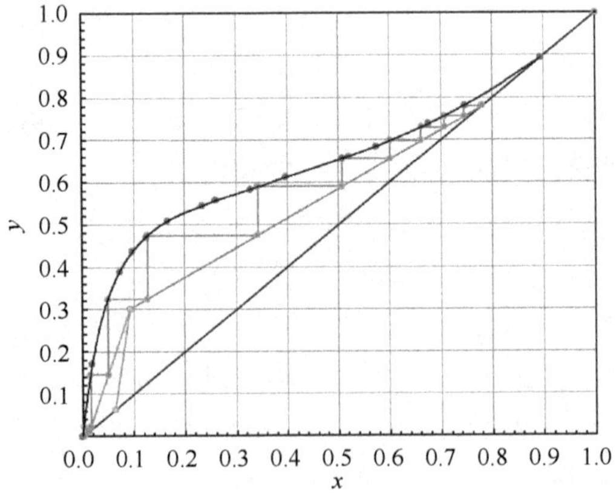

图 6.40 部分回流精馏塔理论板梯级图

示例 6.6　干燥速率曲线测定实验

1. 原始数据

设备及操作数据如图 6.41 所示，实验原始数据如图 6.42 所示。

7 干燥实验.xlsx

	A	B	C
1	装置号	1	纸浆板
2	原始参数	单位	湿件1
3	绝干物料质量G_c	g	7.4487
4	称量传感器初值G_0	g	38.7
5	流量计处温度t_0	℃	43.9
6	干燥器进口温度t_1	℃	69.9
7	干燥器出口温度t_2	℃	66.3
8	湿球温度t_w	℃	39.2
9	U形管压差计读数	mmH_2O	391
10	尺寸 长	mm	120
11	尺寸 宽	mm	87
12	尺寸 高	mm	1.2

干燥实验　干燥实例

图 6.41　设备及操作参数测量值

7 干燥实验.xlsx

	D	E	F	G	H	I	J	K	L
1		**实验原始数据**							
2		湿件1	瞬时质量	湿件1	瞬时质量	湿件1	瞬时质量	湿件1	瞬时质量
3		t	M	t	M	t	M	t	M
4		min	g	min	g	min	g	min	g
5		0	56.00	9	52.40	18	49.00	27	47.45
6		1	55.60	10	52.10	19	48.70	28	47.30
7		2	55.30	11	51.65	20	48.45	29	47.30
8		3	54.80	12	51.30	21	48.20	30	47.30
9		4	54.40	13	50.85	22	48.00	31	47.25
10		5	54.00	14	50.50	23	47.80	32	47.25
11		6	53.70	15	50.10	24	47.70		
12		7	53.30	16	49.70	25	47.55		
13		8	52.90	17	49.35	26	47.45		

干燥实验　干燥实例

图 6.42　干燥实验原始数据

2. 实验数据处理

1）操作参数计算

（1）在单元格 C15:C17 中分别输入“=C5”、“=AVERAGE(C6:C7)”、“=C8”。

（2）在单元格 C18 中输入“=2.12*C9^0.51*SQRT((273.15+C15)/273.15)*(273.15+C16)/(273.15+C15)”——计算空气体积流量 V_t。

（3）在单元格 C19 中输入“=(C10/1000*C11/1000)*2”——计算物料受热面积 A。

（4）在单元格 C19 中输入“=C18*1.054/C21”——计算空气质量速率 L。

湿球温度 t_w 下的水的气化热 r、洞道流通面积 F 分别为 2431.1kJ/kg、0.0144m^2。

计算结果	单位	湿件1
进口平均温度t_0	℃	43.9
空气平均温度t_m	℃	68.1
空气湿球温度t_w	℃	39.2
空气体积流量V_t	m^3/h	51.60
物料受热面积A	m^2	0.02088
t_w下的水的气化热r	kJ/kg	2403.1
洞道流通面积F	m^2	0.0144
空气质量速率L	kg/(m^2·h)	3776.8723
临界含水率X_c		0.480
平衡含水率X^*		0.140
恒速干燥速率U_c	kg/(m^2·h)	1.15

图 6.43　操作参数计算值

2）数据处理

（1）在单元格 E19:F51 中分别输入干燥时间 t 及瞬时质量 M（数值见图 6.42）。

（2）在单元格 G19 中输入“=(F19-$C$4-$C$3)/$C$3”，并拖动填充柄复制至单元格 F51——计算物料的干基含水率 X。

（3）在单元格 H20 中输入“=(G19+G20)/2”，并拖动填充柄复制至单元格 H51——计算 Δt=1min 下的平均干基含水率 X_{m1}。

（4）在单元格 I20 中输入“=$C$3*10^-3*(-(G20-G19)/(E20-E19)/60)/$C$19*3600”，并拖动填充柄复制至单元格 I51——计算 Δt=1min 下的干燥速率 U_1。

（5）在单元格 J21 中输入“=(G19+G21)/2”，并拖动填充柄复制至单元格

J51——计算 Δt=2min 下的平均干基含水率 X_{m2}。

（6）在单元格 K21 中输入“=$C$3*10^-3*(-(G21-G19)/(E21-E19)/60)/$C$19*3600”，并拖动填充柄复制至单元格 K51——计算 Δt=2min 下的干燥速率 U_2。

（7）在单元格 L22 中输入“=(G19+G22)/2”，并拖动填充柄复制至单元格 L51——计算 Δt=3min 下的平均干基含水率 X_{m3}。

（8）在单元格 M22 中输入“=$C$3*10^-3*(-(G22-G19)/(E22-E19)/60)/$C$19*3600”，并拖动填充柄复制至单元格 M51——计算 Δt=3min 下的干燥速率 U_3。

（9）在单元格 N23 中输入“=(G19+G23)/2”，并拖动填充柄复制至单元格 N51——计算 Δt=4min 下的平均干基含水率 X_{m4}。

（10）在单元格 O23 中输入“=$C$3*10^-3*(-(G23-G19)/(E23-E19)/60)/$C$19*3600”，并拖动填充柄复制至单元格 O51——计算 Δt=4min 下的干燥速率 U_4。

实施以上步骤后得到图 6.44（部分显示）。

7 干燥实验.xlsx

	D	E	F	G	H	I	J	K	L	M	N	O
15		数据处理										
16		湿件1	瞬时质量	干基含水率	Δt=1min		Δt=2min		Δt=3min		Δt=4min	
17		t	M	X	X_{m1}	U_1	X_{m2}	U_2	X_{m3}	U_3	X_{m4}	U_4
18		min	g			kg/(m²·h)		kg/(m²·h)		kg/(m²·h)		kg/(m²·h)
19		0	56.00	1.3226								
20		1	55.60	1.2689	1.2957	1.1494						
21		2	55.30	1.2286	1.2487	0.8621	1.2756	1.0057				
22		3	54.80	1.1615	1.1950	1.4368	1.2152	1.1494	1.2420	1.1494		
23		4	54.40	1.1078	1.1346	1.1494	1.1682	1.2931	1.1883	1.1494	1.2152	1.1494
24		5	54.00	1.0540	1.0809	1.1494	1.1078	1.1494	1.1413	1.2452	1.1615	1.1494
25		6	53.70	1.0138	1.0339	0.8621	1.0608	1.0057	1.0876	1.0536	1.1212	1.1494
26		7	53.30	0.9601	0.9869	1.1494	1.0071	1.0057	1.0339	1.0536	1.0608	1.0776
27		8	52.90	0.9064	0.9332	1.1494	0.9601	1.1494	0.9802	1.0536	1.0071	1.0776
28		9	52.40	0.8392	0.8728	1.4368	0.8997	1.2931	0.9265	1.2452	0.9466	1.1494
29		10	52.10	0.7990	0.8191	0.8621	0.8527	1.1494	0.8795	1.1494	0.9064	1.1494
30		11	51.65	0.7386	0.7688	1.2931	0.7889	1.0776	0.8225	1.1973	0.8493	1.1853

干燥实验 / 干燥实例

图 6.44　干燥实验数据处理结果

3. 干燥曲线和干燥速率曲线图

以 E19:E51、G19:G51 区域数据作散点图，得到干燥曲线图（图 6.45）；分别以 H20:I51、J21:K51、L22:M51、N23:O51 数据区域内容作图，可得到 Δt=1min、2min、3min、4min 时的干燥速率曲线图，并用【插入】→【形状】中的“直线”工具绘制恒速段干燥曲线和“曲线”工具绘制降速段干燥曲线，绘图发现 Δt=4min 时的干燥速率曲线比较理想（图 6.46）。

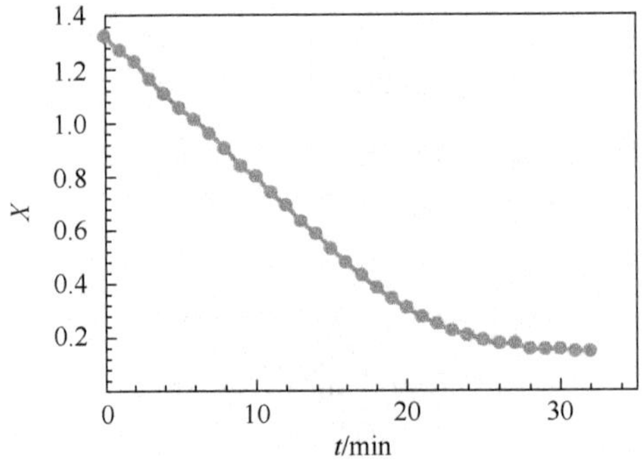

图 6.45　干燥曲线图

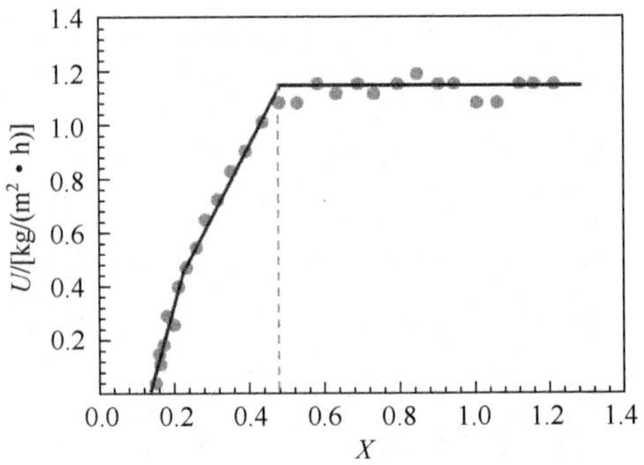

图 6.46　干燥速率曲线图

示例 6.7　正交试验法过滤实验

1. 原始数据

第一组（滤浆浓度为 5%）的原始实验数据如图 6.47 所示。

8 正交过滤实验.xlsx

	A	B	C	D	E
1	装置1				
2	过滤面积 A /m²		0.00418		
3	滤浆浓度 C /%		5		
4					
5	ΔV	$\Delta\theta$ /s			
6	mL	1	5	9	13
7	0	0	0	0	0
8	100	148.2	38.9	32.0	16.9
9	100	157.7	49.5	38.3	22.7
10	100	189.1	55.0	44.1	30.0
11	100	195.0	64.0	50.5	35.0
12	100	215.0	75.5	55.2	39.2
13	100	219.0	79.7	60.0	42.0
14	100	223.0	86.7	65.2	47.6

微分法计算　正交实验表

图 6.47　第一组原始实验数据

2. 数据处理

（1）在单元格 F8 中输入“=A8*10^-6/$C$2”——计算 Δq。

（2）在单元格 G8 中输入“=G7+F8”——计算 q_i。

（3）在单元格 H8 中输入“=(G7+G8)/2”——计算 q_m。

（4）在单元格 I8 中输入“=B8/$F8”，并拖动填充柄复制至单元格 L8——计算 $\Delta\theta/\Delta q$。

选中 F8:L8 单元格区域，再用鼠标左键按住 L8 单元格右下角的填充柄向下拖拉至 F14:L14 单元格区域，如图 6.48 所示。

8 正交过滤实验.xlsx

	F	G	H	I	J	K	L
4							
5	Δq	q_i	q_m	$\Delta\theta/\Delta q$/(s/m)			
6	m	m	m	1	5	9	13
7	0	0					
8	0.023923	0.0239234	0.0119617	6194.8	1626.0	1337.6	706.4
9	0.023923	0.0478469	0.0358852	6591.9	2069.1	1600.9	948.9
10	0.023923	0.0717703	0.0598086	7904.4	2299.0	1843.4	1254.0
11	0.023923	0.0956938	0.0837321	8151.0	2675.2	2110.9	1463.0
12	0.023923	0.1196172	0.1076555	8987.0	3155.9	2307.4	1638.6
13	0.023923	0.1435407	0.1315789	9154.2	3331.5	2508.0	1755.6
14	0.023923	0.1674641	0.1555024	9321.4	3624.1	2725.4	1989.7

微分法计算　正交实验表　Sheet3

图 6.48　中间数据处理

（5）在单元格 B17 中输入“=SLOPE(I8:I14，$H$8:$H$14)”——计算斜率 $2/K$。

（6）在单元格 B18 中输入“=INTERCEPT(I8:I14，$H$8:$H$14)”——计算截距 $2q_e/K$。

（7）在单元格 B19 中输入“=2/B17”——计算 K。

（8）在单元格 B20 中输入“=B18/B17-200*10^-6/$C$2”——计算 q_e。

选中 B17:B20 单元格区域，再用鼠标左键按住 B20 单元格右下角的填充柄向右拖拉至 E17:E20 单元格区域，如图 6.49 所示。

8 正交过滤实验.xlsx

	A	B	C	D	E
16	实验号	1	5	9	13
17	斜率	23269.5	13996.6	9616.1	8730.0
18	截距	6095.1	1511.0	1256.8	662.8
19	$K/(m^2/s)$	8.595E-05	1.429E-04	2.080E-04	2.291E-04
20	q_e/m	0.214089	0.060107	0.082847	0.028070

微分法计算　正交实验表

图 6.49　过滤常数计算结果

3. 正交表直观分析

将四大组 16 个实验的 K 值依次填入相应的单元格内（图 6.50 的 F4:F19 单元格）。

8 正交过滤实验.xlsx

正交实验结果直观分析

实验号	A 压差 Δp/MPa	B 浓度 C/%	C 温度 t/℃	D 过滤介质	K / (m^2/s)
1	1	1	1	1	8.59E-05
2	1	2	1	1	5.01E-05
3	1	3	2	2	5.34E-05
4	1	4	2	2	5.71E-05
5	2	1	1	2	1.43E-04
6	2	2	1	2	1.39E-04
7	2	3	2	1	1.20E-04
8	2	4	2	1	4.62E-05
9	3	1	2	1	2.08E-04
10	3	2	2	1	1.69E-04
11	3	3	1	2	1.08E-04
12	3	4	1	2	5.24E-05
13	4	1	2	2	2.29E-04
14	4	2	2	2	2.86E-04
15	4	3	1	1	1.66E-04
16	4	4	1	1	9.90E-05
K_1	2.47E-04	6.66E-04	8.44E-04	9.44E-04	
K_2	4.48E-04	6.44E-04	1.17E-03	1.07E-03	
K_3	5.37E-04	4.48E-04			
K_4	7.80E-04	2.55E-04			
k_1	6.16E-05	1.66E-04	1.05E-04	1.18E-04	
k_2	1.12E-04	1.61E-04	1.46E-04	1.33E-04	
k_3	1.34E-04	1.12E-04			
k_4	1.95E-04	6.37E-05			
极差R	1.33E-04	1.03E-04	4.06E-05	1.54E-05	
因素主-次	A B C D				

微分法计算　正交实验表　Sheet3

图 6.50　正交试验结果直观分析

（1）在单元格 B20 中输入“=SUMIF(B$4:B$19，**1**，$F$4:$F$19)”，并复制到单元格 C20:E20。

（2）在单元格 B21 中输入“=SUMIF(B$4:B$19，**2**，$F$4:$F$19)”，并复制到单元格 C21:E21。

（3）在单元格 B22 中输入“=SUMIF(B$4:B$19，**3**，$F$4:$F$19)”，并复制到单元格 C22。

（4）在单元格 B23 中输入“=SUMIF(B$4:B$19，**4**，$F$4:$F$19)”，并复制到单元格 C23。

（5）选中 B24:C27 单元格区域，输入“=B20:C23/4”，同时按下【Ctrl+Shift+Enter】组合键；选中 D24:E25 单元格区域，输入“=D20:E21/8”，同时按下【Ctrl+Shift+Enter】组合键——计算 k_i 值。

（6）在单元格 B28 中输入“=MAX(B24:B27)-MIN(B24:B27)”，并复制至单

元格 E28。

通过以上计算得到直观分析结果（图 6.50），比较极差 R 可知影响因素大小顺序为 A＞B＞C＞D。

对各因素（A.压差 B.浓度 C.温度 D.过滤介质）的水平进行作图，得到图 6.51。

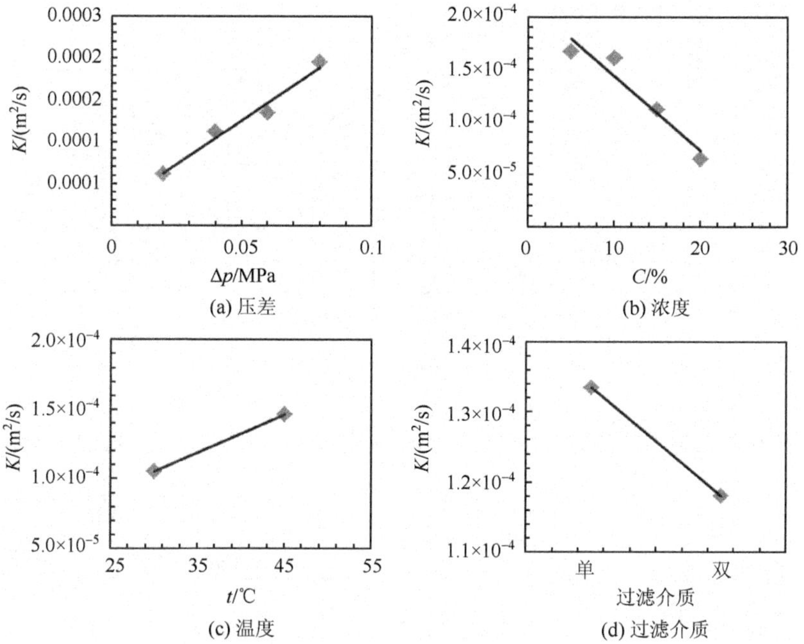

图 6.51　各考察因素影响趋势图

示例 6.8　蒸发综合实验

1. 原始数据

设备参数及相关物性如图 6.52 所示。

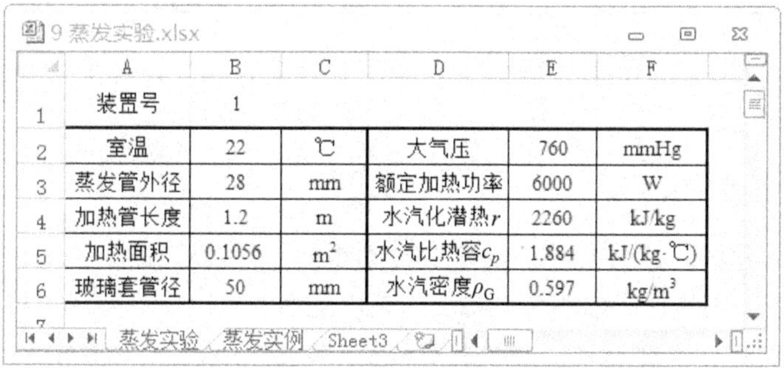
9 蒸发实验.xlsx

	A	B	C	D	E	F
1	装置号	1				
2	室温	22	℃	大气压	760	mmHg
3	蒸发管外径	28	mm	额定加热功率	6000	W
4	加热管长度	1.2	m	水汽化潜热 r	2260	kJ/kg
5	加热面积	0.1056	m^2	水汽比热容 c_p	1.884	kJ/(kg·℃)
6	玻璃套管径	50	mm	水汽密度 ρ_G	0.597	kg/m^3

蒸发实验　蒸发实例　Sheet3

图 6.52　设备参数及水汽物性数据

改变进料流量（80～140L/h）测得的原始数据如图 6.53 所示。

序号	进料量	电压 U/V			温度/℃					
					顶温		内壁温度			釜温
	L/h	预热器	主加热器	进料泵	$T_{蒸}$	t_b	t_{w1}	t_{w2}	t_{w3}	$t_{釜}$
1	80	129.5	100	10	113.9	99.5	105.6	105.6	114.3	99.3
2	90	129.4	100	10	113.9	99.5	105.6	105.4	114.1	99.4
3	100	129.5	100	10	111.3	99.4	105.4	105.4	113.7	99.4
4	110	128.9	100	10	111.6	99.4	105.3	105.0	113.9	99.3
5	120	127.4	100	10	110.3	99.4	105.4	104.9	113.6	98.9
6	130	127.9	100	10	110.1	99.5	105.4	104.8	113.8	99.1
7	140	128.2	100	10	108.8	99.5	105.3	104.8	113.8	99.1

图 6.53　流量系列实验数据

改变主加热器加热电压（80～150V）测得的原始数据如图 6.54 所示。

序号	进料量	电压 U/V			温度/℃					
					顶温		内壁温度			釜温
	L/h	预热器	主加热器	进料泵	$T_{蒸}$	t_b	t_{w1}	t_{w2}	t_{w3}	$t_{釜}$
1	120	130.3	80	10	108.3	99.6	103.7	102.1	108.6	99.2
2	120	131.4	90.2	10	108.4	99.7	104.2	103.6	110.8	99.3
3	120	131.8	100.6	10	108.6	99.7	105.5	104.7	112.6	99.2
4	120	132.4	110.4	10	108.6	99.6	106.5	105.6	114.7	99.2
5	120	131.4	120.2	10	108.3	99.8	107.9	107.6	116.2	99.4
6	120	131.6	129.7	10	108.6	99.8	108.0	108.2	119.9	99.5
7	120	132.4	140.2	10	109.0	100.1	110.9	109.8	121.0	99.8
8	120	132.5	150.4	10	109.0	100.3	112.1	111.2	123.5	100.0

图 6.54　加热电压系列实验数据

2. 数据处理结果

（1）在单元格 L12 中输入“=AVERAGE(H12:J12)-G12”——计算温差 Δt_m。

（2）在单元格 M12 中输入“=$E$3*(D12/220)^2”——计算加热量 Q。

（3）在单元格 N12 中输入“=M12/($E$4+$E$5*(F12-G12))/1000*3600”——计算气化量 W。

（4）在单元格 L12 中输入“=N12/3600*$E$5*(F12-G12)*1000”——计算热损失 $Q_{损}$。

（5）在单元格 L12 中输入“=N12/3600/$E$6/(PI()/4*(($B$6/1000)^2-($B$3/1000)^2))”——计算表观气速 u。

（6）在单元格 L12 中输入“=M12/L12/$B$5”——计算沸腾传热系数 α。

选中 L12:Q12 单元格区域，再用鼠标左键按住 Q12 单元格右下角的填充柄向下拖拉至 L18:Q18 单元格，得流量系列计算结果（图 6.55）。同样复制各公式到单元格 L24:Q31，可得加热电压系列计算结果（图 6.56）。

Δt_m	Q	气化量 W	热损失 $Q_{损}$	表观气速 u	沸腾传热系数 α
℃	W	kg/h	W	m/s	W/(m²·℃)
9.00	1239.67	1.9513	14.705	0.67365	1304.89
8.87	1239.67	1.9513	14.705	0.67365	1324.51
8.77	1239.67	1.9553	12.177	0.67504	1339.62
8.67	1239.67	1.9548	12.481	0.67487	1355.08
8.57	1239.67	1.9569	11.163	0.67560	1370.90
8.50	1239.67	1.9574	10.858	0.67576	1381.65
8.47	1239.67	1.9595	9.537	0.67649	1387.09

图 6.55　流量系列计算结果

Δt_m	Q	气化量 W	热损失 $Q_{损}$	表观气速 u	沸腾传热系数 α
℃	W	kg/h	W	m/s	W/(m²·℃)
5.20	793.39	1.2547	5.713	0.43317	1445.42
6.50	1008.60	1.5951	7.262	0.55067	1470.00
7.90	1254.59	1.9837	9.240	0.68486	1504.48
9.33	1510.93	2.3889	11.252	0.82472	1533.62
10.77	1791.08	2.8330	12.602	0.97804	1575.96
12.23	2085.38	3.2977	15.187	1.13847	1614.92
13.80	2436.70	3.8529	17.945	1.33015	1672.76
15.30	2804.15	4.4346	20.191	1.53099	1736.28

图 6.56　加热电压系列计算结果

3. 因素影响趋势图示

以 B11:B18、Q11:Q18 区域数据作散点图，得到进料流量影响趋势图［图 6.57（a)]，以 D24:D31、Q24:Q31 区域数据作散点图，得到加热电压影响趋势图［图 6.57（b)］。

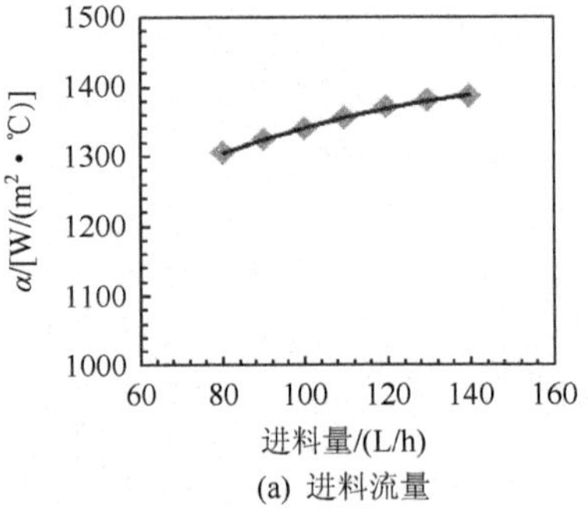

图 6.57　因素影响趋势图

参考文献

陈焕生. 1985. 温度测试技术及仪表. 北京：水利电力出版社.

陈敏恒，丛德滋，方图南，等. 2006. 化工原理. 3 版. 北京：化学工业出版社.

程振平，赵宜江. 2010. 化工原理实验. 南京：南京大学出版社.

戴昌晖. 1991. 流体流动测量. 北京：航空工业出版社.

杜维，乐嘉华. 1988. 化工检测技术及显示仪表. 杭州：浙江大学出版社.

范玉汉. 1981. 化工测量及仪表. 北京：化学工业出版社.

冯亚云. 2000. 化工基础实验. 北京：化学工业出版社.

江体乾. 1984. 化工数据处理. 北京：化学工业出版社.

李云雁，胡传荣. 2009. 试验设计与数据处理. 北京：化学工业出版社.

刘智敏. 1981. 误差与数据处理. 北京：原子能出版社.

栾军. 1995. 现代实验设计优化方法. 上海：上海交通大学出版社.

时钧，汪家鼎，余国琮，等. 1996. 化学工程手册. 北京：化学工业出版社.

史贤林，田恒水，张平. 2005. 化工原理实验. 上海：华东理工大学出版社.

苏彦勋. 1992. 流量计量与测试. 北京：中国计量出版社.

谭天恩，窦梅，周明华. 2006. 化工原理. 3 版. 北京：化学工业出版社.

王学仁. 1989. 应用回归分析. 重庆：重庆大学出版社.

肖明耀. 1985. 误差理论与应用. 北京：计量出版社.

徐抗成. 2000. Excel 数值方法及其在化学中的应用. 兰州：兰州大学出版社.

张金利，张建伟，郭翠梨，等. 2005. 化工原理实验. 天津：天津大学出版社.

朱中南，戴迎春. 1989. 化工数据处理与实验设计. 北京：烃加工出版社.

附录 几种 Excel 函数介绍

1. 示例中的 Excel 函数

函数	函数说明
POWER	POWER（number，power）：返回数值的乘幂
SQRT	SQRT（number）：返回数值的平方根
EXP	EXP（number）：e 的 *n* 次方
LN	LN（number）：给定数值的自然对数
LOG	LOG（number，[base]）：以 base 为底给定数值的对数，缺省 base=10
MAX	MAX（number1，number2，…）：返回一组数值中的最大值
MIN	MIN（number1，number2，…）：返回一组数值中的最小值
AVERAGE	AVERAGE（number1，number2，…）：返回一组数值的算术平均值
SUM	SUM（number1，number2，…）：对单元格区域中所有数值求和
SUMIF	SUMIF（range，criteria，sum_range）：对满足条件的单元格求和
SLOPE	SLOPE（known_y's，known_x's）：返回线性回归拟合线方程的斜率
INTERCEPT	INTERCEPT（known_y's，known_x's）：返回线性回归拟合线方程的截距
MINVERSE	MINVERSE（array）：返回一数组所代表的矩阵的逆矩阵
MMULT	MMULT（array1，array2）：返回两数组的矩阵积
LINEST	LINEST（known_y's，known_x's，const，stats）：返回线性回归方程的参数
IF	IF（logical_test，value_if_ture，value_if_false）：判断是否满足某个条件，如果满足返回一个值，如果不满足则返回另一个值

2. 单元格引用

单元格的引用有相对引用、绝对引用、混合引用和外部引用 4 种。

如果在 C1 单元格输入“=A1+$B$1”，此公式中的 A1 是相对引用，$B$1 是绝对引用，如果将该公式复制到 D2 单元格，公式所引用的单元格地址将变为“=B2+$B$1”。相对引用时，引用的单元格相对位置间距保持不变，绝对引用时，引用的单元格将不随位置变化。

如果在 C1 单元格输入“=$A1+B$1”，此公式中的$A1、B$1 均是混合引用，如果将该公式复制到 D2 单元格，公式所引用的单元格地址将变为“=$A2+C$1”。混合引用时，公式中“$”号后的单元格坐标不会随公式的移动而变动，而不带“$”

号后的单元格坐标将随着公式的移动而变动。

在 Excel 中，不但可以引用同一工作表的单元格（内部引用），也可以引用同一工作簿中不同工作表的单元格，还可以引用不同工作簿的单元格（外部引用），在引用时需添加工作簿和工作表的名称。例如，“A1+[Book2]Sheet1! $B$2”的意义就是将当前工作表的 A1 单元格数值与工作簿 Book2 中工作表 Sheet1 中的 B2 数值相加。

在点击引用的单元格后，使用 F4 键可以在相对引用、绝对引用及混合引用之间变换。

在引用运算符中，冒号“:”为区域运算符，如 A1:D5 表示引用从 A1 到 D5 的所有连续单元格；逗号“,”为联合运算符，如（A1:C5，D2:D6）是将 A1:C5 和 D2:D6 合并为一个引用区域；空格为交叉运算符，产生同时属于两个引用区域的单元格，如（A1:F1 B2:B6）引用的是 B1，因为只有 B1 是同时隶属于两个引用区域的单元格。